中国科学院华南植物园

热带珊瑚岛礁果蔬栽培技术

Cultivation Techniques of Fruits and Vegetables on Tropical Coral Islands and Reefs

陈红锋　易绮斐　主编

中国林业出版社
China Forestry Publishing House

图书在版编目（CIP）数据

热带珊瑚岛礁果蔬栽培技术/陈红锋,易绮斐主编. -- 北京：中国林业出版社,2021.5
ISBN 978-7-5219-1110-7

Ⅰ.①热… Ⅱ.①陈… ②易… Ⅲ.①珊瑚岛－果树园艺②珊瑚岛－蔬菜园艺③珊瑚礁－果树园艺④珊瑚礁－蔬菜园艺 Ⅳ.①S6

中国版本图书馆CIP数据核字(2021)第071100号

热带珊瑚岛礁果蔬栽培技术 　　　　　　　　　　　　　　陈红锋　易绮斐　主编

出版发行：中国林业出版社（中国·北京）
地　　址：北京市西城区德胜门内大街刘海胡同7号

策划编辑：王　斌
责任编辑：刘开运　郑雨馨　张　健　吴文静　王佑芬

印　　刷：北京雅昌艺术印刷有限公司
开　　本：710mm×1000mm　1/16
印　　张：12.75
字　　数：380千字
版　　次：2021年6月第1版　第1次印刷
定　　价：128.00元（USD 25）

主编简介

陈红锋，男，1974年生，博士，中国科学院华南植物园研究员，博士生导师。中国科学院卢嘉锡青年人才奖获得者、中国科学院青年创新促进会会员、广东省植物学会秘书长、广东省园林学会理事、广州市林学会理事。1997年参加工作，早期专注植物分类、资源调查工作，打下较扎实的植物分类学功底，熟悉华南地区植物种类和分布。近年来致力于珍稀濒危植物保护和资源可持续利用工作。收集观赏和药用植物资源300多种，筛选出多种有开发利用前景的药用植物。主持完成广东省珍稀濒危植物第二次全国调查规划及总调查报告编撰、广州花城绿城水城建设植物选择与配置指引等工作；主持召开5次学术研讨会，培训行业管理部门相关人员1000多人次，为广东省的林业发展和城市绿化建设做出了积极贡献。

主持国家自然科学基金项目、国家"十一五"科技支撑计划项目子课题和国家科技基础平台项目子专题，中国科学院先导项目子课题20多项。"华南珍稀濒危植物的野外回归研究与应用""乡土植物在生态园林中应用的关键技术与产业化""中国南海岛屿植物多样性研究及产业化""广东省特色植物资源利用产业化关键技术研究与应用"等研究成果分别获2012、2013、2016、2018年广东省科技进步一等奖，其他奖励5项；获得国家发明专利10多项；发表论文100多篇；主编《中国景观植物》《东莞园林植物》《南昆山植物》等，参编专著20多部；指导研究生30名。

易绮斐，女，1971年生，中国科学院华南植物园副研究员，硕士生导师。主要从事植物分类和植物物种多样性编目及野生资源的评价与利用研究。近年来主要对华南地区的植物资源进行物种多样性调查和编目，筛选代表性的珍稀濒危植物进行保护生物学和资源可持续利用研究，对澳门的野生植物物候进行了长期的定位监测研究。近年来，主持或参加国家科技基础性工作专项重点项目、国家自然科学基金、中国科学院先导项目专题1、港澳合作项目、省市科技计划项目等30多项。撰写科研论文50多篇；编写专著40多部，其中主编或副主编出版了《鹤山树木志》《鹤山古树名木》《海南植物物种多样性编目》《东莞园林植物》《中国景观植物》《南岭植物物种多样性编目》《东莞植物志》《中国南海诸岛植物志》《海南省七洲列岛的植物与植被》《中国热带雨林地区植物图鉴——海南植物》《澳门古树名木》《广州野生植物》《广州风水林》等专著10余部；获广东省科学技术一等奖2项，获国家授权发明专利10多项；获国家授权新品种保护权2个；制定地方行业标准5个，指导硕士研究生8名。

热带珊瑚岛礁果蔬栽培技术
Cultivation Techniques of Fruits and Vegetables on Tropical Coral Islands and Reefs

编委会

顾　问：邢福武

主　编：陈红锋　易绮斐

副主编：康　明　严岳鸿

编　委：陈国华　陈红锋　邓双文　段　磊　范忠才
　　　　范忠林　付　琳　顾惠怡　何向阳　黄红星
　　　　江惠敏　康　明　李亚丽　林星谷　刘东明
　　　　刘菊秀　龙　裕　王发国　王　强　王峥峰
　　　　严岳鸿　叶　文　易绮斐　张　锐　张　薇

摄　影：陈红锋　易绮斐　何向阳　范忠才　邓双文
　　　　王　斌　严岳鸿　邢福武　叶育石

本书由中国科学院 A 类战略性先导科技专项（No.XD13020600）资助

前言

新鲜的蔬菜和水果对于人们的身体健康至关重要，随着生活水平的提高，人们对果蔬的质量要求越来越高，不仅要吃得饱，还要吃得健康、绿色和环保。新鲜的果蔬从哪里来？当然主要是从地里种出来的。提起种菜，出生于20世纪70年代以前的农村人，几乎人人都有种菜的经历，似乎种菜、种果是轻而易举的事情。但是，要在阳光曝晒、高温、干旱、裸露甚至没有土壤，连杂草都很难生存的地方种植蔬菜和水果，那是一件非常困难的事情。

热带珊瑚岛礁就是这种缺土少肥的地方。岛礁常年受高光强、高温、高盐、高碱、盐雾风、多暴雨和多台风气候的影响，而且珊瑚砂基质缺少养分和水分，对植物的生长、成活造成了极大的影响，在这种条件下，植被几乎不可能天然恢复。因此，在这种全新的生境上开展果蔬的引种、栽培和生产需要强有力的科技支撑。

在中国科学院A类战略性先导科技专项（编号：No.XDA13020600）的资助下，项目组成员在前期海岛及海岸带植物资源调查、引种的基础上，结合岛礁现场环境，拟定切合岛礁实际的项目实施方案，边研究、边示范，最终在引种的150多种果蔬植物资源中，通过繁殖、栽培、生态适应性、耐盐性评价，筛选出100多种适合岛礁生长的植物用于示范栽培。研究人员结合土壤改良和肥力定向提升技术，经过近5年的繁殖、栽培技术研究，突破繁殖障碍和成活率低的技术瓶颈，获得大量的第一手资料，经过认真整理，总结出88种果蔬繁殖栽培技术要点，整理成本书，方便岛礁居民根据相关的技术要点进行岛礁果蔬的繁殖与栽培。这些技术的应用和推广可极大改善岛礁居民的生存环境，促进宜居、宜业、宜游的生态岛礁发展。

在 5 年的生产实践过程中，研究人员发现不少生性强健、病虫害少的果蔬种类适合热带珊瑚岛礁栽培，可做到当年种植，当年开花、结果和采收，品相和口感俱佳。不少果蔬种类还具有药用价值，并且是多年生、低成本、少维护。因此，在宜居岛礁建设中可以优先推荐使用。具体的果树种类有果桑、毛叶枣、柠檬、番荔枝、海滨木巴戟、百香果、火龙果、余甘子、番木瓜、莲雾、波罗蜜、文定果、阳桃、番石榴、菠萝等。蔬菜种类有番薯、紫背菜、白子菜、鳄嘴花、黄秋葵、五指山参、绞股蓝、辣木、假蒟、马齿苋、土人参、番杏、落葵、枸杞、宽叶十万错、藤三七、仙人掌、参薯、薏苡、鱼腥草、紫苏、守宫木、芋头、益母草、菊芋等。

本书收集的种类中有蕨类植物 4 种，种子植物 84 种。科的排列，蕨类植物按秦仁昌（1978）系统，被子植物按哈钦松系统排列；属、种的顺序按学名首字母排列。本书文字简练，要言不烦，采用图文并茂的形式对每一种植物的形态特征、分布、生长习性、用途和栽培繁殖技术进行了系统介绍。大部分的照片系在示范基地的生产实践中拍摄。为便于读者进一步查阅，书后附有中文名和学名索引。

本研究的开展和本书的编撰，得到中国科学院华南植物园及兄弟单位相关领导和部门的支持，在此，向为本书的编撰和出版做出贡献的单位和个人表示衷心的感谢。

本书可为中国热带珊瑚岛礁的居民选择适合栽培的果蔬种类提供参考，以及为合理管护提供切实可行的技术指导。

由于水平有限，时间紧迫，疏漏之处在所难免，恳请各位读者、专家和朋友提出宝贵意见。

编者

2021 年 3 月

目录

1. 卤蕨 / 2
2. 水蕨 / 4
3. 菜蕨 / 6
4. 巢蕨 / 8
5. 番荔枝 / 10
6. 鳄梨 / 14
7. 假蒟 / 16
8. 鱼腥草 / 18
9. 辣木 / 20
10. 荠 / 22
11. 塘葛菜 / 24
12. 番杏 / 26
13. 马齿苋 / 28
14. 土人参 / 30
15. 棱轴土人参 / 34
16. 火炭母 / 36
17. 红草 / 38
18. 皱果苋 / 40
19. 刺苋 / 42
20. 苋 / 44
21. 青葙 / 46
22. 巴西人参 / 48
23. 藤三七 / 50

24. 蓡菜 / 54
25. 阳桃 / 56
26. 百香果 / 58
27. 龙珠果 / 60
28. 绞股蓝 / 62
29. 番木瓜 / 64
30. 火龙果 / 66
31. 仙人掌 / 68
32. 水翁 / 70
33. 红果仔 / 72
34. 嘉宝果 / 74
35. 番石榴 / 76
36. 桃金娘 / 78
37. 肖蒲桃 / 80
38. 蒲桃 / 82
39. 莲雾 / 84
40. 文定果 / 86
41. 黄秋葵 / 88
42. 五指山参 / 90
43. 朱槿 / 92
44. 木奶果 / 94
45. 木薯 / 96
46. 余甘子 / 98

47. 树仔菜 / 100

48. 蝶豆 / 102

49. 野葛 / 104

50. 波罗蜜 / 106

51. 构树 / 108

52. 无花果 / 110

53. 薜荔 / 112

54. 果桑 / 114

55. 毛叶枣 / 116

56. 鸡柏紫藤 / 118

57. 山油柑 / 120

58. 柠檬 / 122

59. 柑橘 / 124

60. 黄皮 / 126

61. 龙眼 / 128

62. 荔枝 / 132

63. 芒果 / 136

64. 白簕 / 138

65. 刺芫荽 / 140

66. 人心果 / 142

67. 酸藤子 / 144

68. 海滨木巴戟 / 146

69. 野菊 / 148

70. 紫背菜 / 150

71. 白子菜 / 152

72. 菊芋 / 154

73. 黄鹌菜 / 156

74. 大车前 / 158

75. 少花龙葵 / 160

76. 红薯 / 162

77. 宽叶十万错 / 166

78. 鳄嘴花 / 168

79. 益母草 / 170

80. 紫苏 / 172

81. 菠萝 / 174

82. 闭鞘姜 / 178

83. 柊叶 / 180

84. 芋 / 182

85. 参薯 / 184

86. 椰子 / 186

87. 露兜树 / 188

88. 薏苡 / 190

中文名索引 / 192

学名索引 / 195

1. 卤蕨

别名：金蕨

Acrostichum aureum L.

凤尾蕨科，卤蕨属

形态特征 多年生草本，植株高可达 2 m。根状茎直立，顶端密被褐棕色的阔披针形鳞片。叶簇生，叶片长 60~140 cm，宽 30~60 cm，基数一回羽状，羽片多达 30 对，基部一对对生，中部的互生，通常上部的羽片较小，可育。叶厚革质，干后黄绿色，光滑。长舌状披针形，基部楔形。叶脉网状，两面可见。叶柄长 1~1.5 cm（顶部的无柄），全缘。孢子囊满布能育羽片下面，无盖。

分布 中国广东、广西、海南、福建、台湾、云南。日本、亚洲及其他热带地区、非洲及美洲热带也有分布。

生长习性 喜阳光充足的半湿润之地。生长适温为 20~30℃，5℃以上可安全越冬。生于海岸泥滩、潮汐带间或河岸边等环境干扰度低的天然环境。卤蕨为唯一的红树林蕨类植物，长期生长在海岸滩涂，具有一定的抗风、抗潮、抗寒能力，在改良土壤及红树林生态修复方面具有重要意义。

用途 卤蕨嫩叶柔软，可采摘食用，炒食或炖食。株形优美，可用于专类园栽培观赏，以及水旁、湿地或海边的绿化。在我国民间，卤蕨为治疗创伤、出血、风湿、蠕虫感染、便秘等的传统草药，不仅具有良好的抗菌能力，而且具有很高的抗肿瘤活性。

繁殖栽培技术 采用分株或孢子繁殖，分株繁殖操作更为简单，且成活率更高。

分株： 选择根部分蘖芽多、须根发达的丛生植株作为母株。分株时，用消毒的利刃将母株切成若干丛，每丛带 3~5 个分蘖芽和较多的根系。

孢子繁殖：将孢子均匀撒播在湿润后装有2/3腐殖土的培养盘中，播前腐殖土需杀菌消毒，播后不再浇水。此后保持温度在20~28 ℃、湿度约70 %、光照14 h/d，光照强度约为2500 lx。当幼孢子体苗长至4 cm时，进行分苗移栽，之后需缓苗2~3天，培养条件不变。苗高10 cm时开始室内炼苗，保持温度在15~25 ℃、湿度约70 %，自然光照10~12 h/d。苗高15 cm时进行室外炼苗，1个月后可定植。

定植：选择无强光直射的较荫蔽地块，孢子繁殖幼苗可单丛或成片种植，分株所得芽苗可直接栽植。盆栽可选用腐叶土、泥炭土加少量珍珠岩和河沙配制成营养土进行种植，1株/盆。植株定植后，根系不发达，需对植株进行适当加固，防止倒苗。

日常管理　每隔半个月施1次1000倍的平衡肥，冬季（半休眠期）减少或停止施肥。种植期间土壤保持湿润状态，冬季可稍干燥。适当剪去干枯叶片，若植株生长过于茂密，可从根部分株取苗，减少成丛的密度，促进植株生长。

病虫害防治　无明显病虫害，管理较粗放。

采收与留种　卤蕨的嫩叶柔软，随用随采。

卤蕨孢子在12月成熟时及时采收，将具有成熟孢子的叶片自植物体上剪下，放置于干净的牛皮纸袋中，将袋口封严，自然干燥。孢子干燥后自然散落于纸袋中，小心去杂后收集于离心管中，分别保存在4 ℃和-20 ℃冰箱中。

2. 水蕨

Ceratopteris thalictroides (L.)Brongn.
凤尾蕨科，水蕨属

形态特征 多年生水生植物。植株幼嫩时呈绿色，柔软多汁，高可达 70 cm。根状茎短而直立，粗根生于淤泥。叶二至四回羽状深裂，簇生，裂片 5~8 对，互生，斜展，圆柱形，肉质，不膨胀，光滑无毛，叶片直立或幼时漂浮；叶轴及各回羽轴与叶柄同色，光滑。孢子囊沿能育叶的裂片主脉两侧的网眼着生，稀疏，棕色，幼时为连续不断的反卷叶缘所覆盖，成熟后多少张开，露出孢子囊。

分布 中国广东、广西、福建、台湾、江西、浙江、山东、江苏、安徽、湖北、四川、云南等地。世界热带及亚热带各地也有分布。

生长习性 生于池沼、水田或水沟的淤泥中，有时漂浮于深水面上。冬季休眠，上部叶片全部枯萎消失，水体内的根茎继续存活。生长最适温为 22~35℃，相对湿度最低必须在 85% 以上，对光照要求不严。

用途 水蕨嫩叶可作蔬菜，具有高蛋白、低脂肪、富含矿质元素和膳食纤维的特点，其独特的野菜清香味及鲜嫩多汁的口感迎合了大众的饮食需求，具有一定的食用价值；此外，可供药用，茎叶入药可治胎毒，消痰积。

繁殖栽培技术 分株或孢子繁殖。

分株：是最便捷的繁殖方式，水蕨植株在老叶上常长出不定芽，即无性芽孢，芽孢可发育成新的植株。这些小植株具有完整的根、茎、叶，是一个完整的植株。选用黑土：蛭石 = 2:1，搅拌均匀装入一次性餐盒并整理

平整，浇透水备用。

孢子繁殖：选用黑土与蛭石按 2:1 比例混合配成基质，于 121℃条件下高温高压灭菌 40 min。将灭菌处理的基质装入一次性餐盒，适当压实整平，浸透水待用。基质距离盒沿约 2~3 cm，以便于后期孢子体幼苗生长。将少量成熟孢子装于 1.5 ml 离心管中，制成细胞悬浮液，均匀播于基质上，播种好后喷水处理保持湿润，湿度大于 90%，盖好餐盒盖子，放于培养室。保证培养室温度 22~27℃，湿度 > 70%，LED 灯源照射 16 h 光照 /8 h 黑暗，隔天喷一次水。

大约 7 天后见绿，长出原丝体，原丝体不断发育，形成多细胞原叶体，约 1 个月后发育为成熟配子体。通常这个阶段的配子体会很密集，为了不影响进一步的生长及受精，需要将配子体移到新的器皿，每天浇水。移栽后 1 个月左右长出幼孢子体，幼孢子体为单叶。

孢子播种 3 个月后幼孢子体长到 3~5 cm 时进行分株，移植于培养器皿中，浇透水后小心管理，盖上器皿盖子，每天浇水。待植株长到 10 cm 后，就可以置于室外炼苗。水蕨的栽培管理简单，可在水中生长，不要完全暴露在空气中，给予适当露天遮阴，最好罩上盖子并保证给予足够的水分，保证湿度，可适当施肥。随着植物的长大进行换盆。幼孢子体在生长过程中，一段时间都是单叶，长到一定阶段，营养叶和孢子叶形态差异明显。

定植：从植株上剪下带有芽孢点的叶片，只要有芽孢点，数量多且饱满的均可。将剪下叶片，从叶柄处分别剪成几小段，注意不要剪到芽孢点。用镊子夹住叶柄，依次将剪下的小叶片平铺在基质表面并覆土，叶柄向下埋在基质里，利于芽孢快速长出根。注意基质湿润且芽孢不要埋得太深。

日常管理　种好后，给叶片喷适量的水，放在培养室内观察。注意芽孢种植初期，务必盖好盖子，以便于保温保湿，温度保持在 25~28℃，湿度 70%~90%。隔 2~3 天喷一次水，保持湿润，大约 7 天左右就能看到芽孢点长出根和幼叶，10 天后原来的老叶开始腐烂，芽孢长成一棵新的小植株。自然情况下，通常生长在沼泽地或水边沙石淤泥上。人工栽培，可在栽培容器底部铺垫腐殖土或淤泥，浇透水或直接水浸泡，保证充足的水分。

病虫害防治　主要虫害是蜗牛、福寿螺等软体动物啃食幼叶。可用生石灰对栽培环境除虫，也可人工捕捉成年蜗牛或除虫卵，也可撒施 8% 灭蜗灵颗粒剂或 10% 四聚乙醛聚乙醛颗粒剂防治。

采收与留种　在夏季采摘水蕨嫩叶。

留种时将具有成熟孢子的叶片自植物体上剪下，放置于干净的离心纸袋中，将袋子的口封严，自然干燥。孢子干燥后自然散落于纸袋中，小心去除杂质，收集于离心管中，分别保存在 4℃和 -20℃冰箱中。

3. 菜蕨

别名： 水蕨菜、猫菜、过沟菜蕨

Callipteris esculenta (Retz.) J. Sm. ex Moore et Houlston

蹄盖蕨科，菜蕨属

形态特征 多年生草本，根状茎直立，高达15 cm，密被鳞片。叶簇生，能育叶长60~120 cm。叶柄长50~60 cm，褐禾秆色。叶草质，两侧均无毛，叶轴平滑，羽轴上面有浅沟，光滑或偶被浅褐色短毛。叶片三角形或阔披针形，长60~80 cm或更长，宽30~60 cm，顶部羽裂渐尖，下部一回或二回羽状。羽片12~16对，互生，斜展，下部的有柄，阔披针形，上部的近无柄，线状披针形，边缘有齿或浅羽裂。孢子囊群多数，线形，几生于全部小脉上，达叶缘。囊群盖线形，膜质，黄褐色，全缘。孢子表面具大颗粒状或小瘤状纹饰。

分布 中国广东、广西、江西、福建、台湾、浙江、安徽、贵州、云南等地。亚洲热带其他地区及大洋洲也有分布。

生长习性 对光照不敏感，喜温暖湿润环境，不耐长期干旱，适宜生长温度为15~25 ℃，适宜孢子发育温度为20~30 ℃，可耐32 ℃高温，2 ℃时嫩叶易遭受冻害。光照时数的延长利于植株生长发育，适宜年降水量为1500~1800 mm。孢子繁殖要求土壤相对湿度为80%~90%。植株喜疏松、有机质丰富、土层深厚、排水良好的酸性、弱酸性壤土或砂质壤土。

用途 嫩叶可作蔬菜，被誉为"林海山珍"，

富含维生素C，含16种以上氨基酸、7种人体必需微量元素以及5种常量元素。也可药用，具有驱虫、清热解毒、补气升阳、利尿消肿、驱风散寒、降压和促进细胞更生的功效。

繁殖栽培技术 采用分株或孢子繁殖。

分株： 秋季地上部分生长停止或春季萌发前进行。选取多年生生长健壮植株的地下根状茎，从顶部中心一切为二，要求均带有根、叶、土。分株时应保护根状茎顶部及幼芽。苗期每天喷水2次，做好防旱、除草、除虫等工作。初春萌芽前，中耕松土，以便发蔸、萌芽。

孢子繁殖： 秋季或早春进行。因自然条件下孢子萌发缓慢，萌发率低，播种前可用300 mg/L赤霉素溶液浸泡孢子30 min，加速孢子萌发。播种床用0.5%硫酸亚铁或0.4%高锰酸钾溶液进行消毒，充分淋湿营养基质，将处理好的孢子倒入盛水喷壶中摇匀喷洒在苗床上，不需覆土，用稻草覆盖床面进行遮阳，播种量为1 g/m² 孢子。次年秋季即可移植小苗。培育大苗可在移植床中进行，按25株/m² 移栽。移栽深度以覆盖根状茎为宜，栽后覆土2 cm，立即浇透水，培育期间保持土壤湿润并适当进行遮阳。根长5~10 cm时即可移栽。

定植： 选择坡度12~18°的向阳缓坡，秋季翻耕，春季移栽前整地，分株苗或孢子繁殖苗，按株行距15 cm×20 cm、30 cm×30 cm定植。定植时将植株的叶基顶部向上，平放于穴底，根块茎四周以及须根空隙中填满土，压实，盖土到根状茎顶部厚约2 cm，立即浇水，可盖草进行保温保湿。

日常管理 菜蕨叶长5 cm时，开始每半月薄施1次水肥。3~8月为采摘旺季，可每月追施磷、钾肥。栽植后，保持栽培地的湿润，但不可积水。结合天气状况，重点在幼叶萌发前及营养叶生长初期、中期和旺盛期各浇1次透水。冬季剪去地上部枯萎叶片。

病虫害防治 主要病害有炭疽病、褐斑病、线虫病、锈病，可分别用75%百菌清500倍液、50%多菌灵1000倍液、10%克线磷或克线丹、1:1:50波尔多液进行防治。主要虫害有介壳虫、蚜虫和红蜘蛛，可分别用50%的马拉硫酸、敌百虫1000倍液进行防治。

采收与留种 菜蕨嫩叶萌发出土不久，顶部"抱拳"时采收为宜。采收肥实鲜嫩、叶柄基部直径大于0.5 cm、高15~22 cm的嫩叶。注意轻采轻放，不可损伤地下根状茎。采摘后洗净，遮阳放置。

7~8月孢子成熟，叶背立脉两侧密生孢子囊呈黄褐色时，剪下成熟未开裂的孢子囊群叶片，放于干净纸袋内，2~3 d孢子脱落，取出叶片。收集好的孢子风干后放4℃冰箱中备用。

4. 巢蕨

别名：鸟巢蕨、山苏花、雀巢蕨
Neottopteris nidus (L.) J. sm. ex Hook.
铁角蕨科，巢蕨属

形态特征 多年生常绿大型附生或陆生草本植物，株高 100~120 cm。根状茎直立，木质，粗 2~3 cm，先端密被鳞片。叶簇生，辐射状，着生于根状茎上端，呈中空漏斗或鸟巢状。叶厚纸质或薄革质，干后灰绿色，两面均无毛。叶片阔披针形，中部最宽处为 9~15 cm，全缘并有软骨质的狭边，干后反卷。孢子囊群线形，生于小脉的上侧。囊群盖线形，浅棕色，厚膜质，全缘，宿存。

分布 中国广东、广西、云南、台湾，华南和西南地区及亚洲热带地区。现世界各地温室均有栽培。

生长习性 喜半阴，不耐强光，不耐寒，耐旱。适宜生长温度为 20~22℃，冬季温度不可低于 5 ℃。常常附生于热带雨林或季雨林内或沟边的大树上或石头上，为森林中较常见的大型附生蕨类植物。

用途 可作蔬菜，嫩叶富含蛋白质、维生素C、钙。也可药用，具有强壮筋骨、活血化瘀、消热解毒、利尿消肿、通络止痛等功效。临床可用于治疗跌打损伤、骨折、血瘀。可作室内观叶植物。

繁殖栽培技术 采用分株或孢子繁殖。

分株：一般于4月中下旬进行。选取健壮植株，对根状茎进行切割，分成带有叶片和根丛的若干小块，即可进行栽培；或选取旁生小植株，仅保留原有叶片的 1/2 进行栽培。种植土层上方需覆有少量腐叶土，保持环境湿润通风，排水良好，温度保持在 25 ℃ 左右。

孢子繁殖：于春季进行，将腐殖质土杀菌消毒后填入播种床，厚约 8~10 cm，平整后浇透水，控制湿度在 95 % 以上、pH 6~6.5。将成熟孢子均匀撒播于床面，充分湿润盆土后，覆盖地膜或玻璃进行保湿。播后苗床应避免强光曝晒，每日保持光照 4 h 以上、基质温度约 20 ℃、气温 25~30 ℃、相对湿度 85%~90%。7~10 天后孢子萌发，1 个月左右，长出绿色的原叶体，孢子体长约 1 cm 时即可移栽。移栽时也需将孢子体进行分割，移栽后应保持土壤湿润，并适当遮阴。可视情况进行 2 次移栽。

定植：按 1~2 株 /m² 密度定植，种苗间距相等下进行穴栽。也可选用口径为 9 cm 的盆进行盆栽，1 株 / 盆。苗期光照以散射光为主，夏季注意遮阴，温度保持在 18~28 ℃ 之间。盆栽种苗为使植株受光均匀，需每 5~7 天给花盆换向，促进植株各部分平衡发展并生长健壮。

日常管理 盆栽常用泥炭土掺拌适量碎木屑做培养基质，再稍加基肥。小苗长至 4~5 片真叶时即可施肥，可喷施 0.1%~0.2% 尿素液、0.1 % 磷酸二氢钾液和 0.2 % 过磷酸钙液。施肥多于春季或夏季进行。兑水分要求严格，必须保持基质湿润，见干见湿，相对湿度保持在 80 % 以上，叶面每天喷洒水雾以保持湿润，积水可导致根部腐烂坏死。对植株外围生有孢子囊群的老叶进行适当修剪，从而促进新叶生长。

病虫害防治 温度低于 15 ℃ 时，易发生黄化、坏疽等寒害现象，需注意防寒。高温高湿、通风不良则易使叶片感染炭疽病，可用 75 % 的百菌清可湿性粉剂 600 倍液进行防治。抗病虫能力极强，主要虫害为线虫，可用克线丹进行防治。

采收与留种 种苗定植 10 个月、拳卷叶片完全展开 45~60 天后为采收适期，每年都可陆续采收叶片，直至植株老去。

夏秋季巢蕨孢子成熟，采集时将含孢子的叶片剪下，吹弹掉附着在叶片两面的尘埃和杂物，不要把孢子囊群剪破，装入事先备好的干净纸袋或干净培养皿内，置于通风阴凉处自然干燥，备用。

5. 番荔枝

别名： 番梨、佛头果、释迦果

Annona squamosa L.

番荔枝科，番荔枝属

形态特征 落叶小乔木，高 3~5 m。树皮薄，灰白色，多分枝。叶薄纸质，排成两列，椭圆状披针形或长圆形。长 6~17.5 cm，宽 2~7.5 cm，顶端急尖或钝，基部阔楔形或圆形，叶背苍白绿色。侧脉每边 8~15 条，上面扁平，下面凸起。花单生或 2~4 朵聚生于枝顶或与叶对生，长约 2 cm，青黄色，下垂。外轮花瓣狭而厚，肉质，长圆形，镊合状排列，内轮花瓣极小，退化成鳞片状。聚合浆果，圆球状或心状圆锥形，直径 5~10 cm，黄绿色，外面被白色粉霜，表面多瘤状凸起，外形酷似荔枝而得名。花期 5~6 月，果期 6~11 月。

分布 中国广东、广西、浙江、福建、台湾和云南等地均有栽培。原产热带美洲，现全球热带地区均有栽培。

生长习性 喜光耐阴，喜温暖气候，不耐霜冻和阴冷天气。适宜生长温度平均最高为 15~32 ℃，果实成熟最适温度为 25~30 ℃，安全越冬的临界温度为 0 ℃。对土壤适应性强，喜砂质土或砂壤土。

用途 果为热带地区著名水果，含糖类 20.42 %、蛋白质 2.34 %、脂肪 0.3 %，被誉为"南果珍品"。根可药用，治急性赤痢、精神抑郁、脊髓骨病；果实可治恶疮肿痛，有补脾的功效。番荔枝中含有的番荔枝内酯，具有较强的抗肿瘤活性，是一类可开发为新型抗癌药物的天然产物，被誉为"明日抗癌之星"。

繁殖栽培技术 采用播种或嫁接繁殖。

播种： 可春播或秋播。秋播在冬季气温较高的地区秋季采收后取种即播，春播以低温阴雨天气已过、晴暖较稳定后进行为宜。经贮藏的番荔枝种子，播前需晒种，以促进发芽。苗圃应选向阳、排水良好的地块。基肥施腐熟有机质肥，平整地面备用。可采用条播或撒播。

条播或撒播：播种量为 6~7.5 kg（每千克约 4000 粒）/hm²。播后覆盖细珊瑚砂或细土，稍压实后盖草，充分浇水。育苗期间注意保湿并严防水分过多。发芽后，分次揭开盖草，以免压弯幼苗，且适当追施稀薄液肥。

嫁接：采用切接法和芽接法，春季或秋季均可进行。砧木选用同品种或不同品种的番荔枝实生苗。从已结果、生长健壮、无病虫害的优良品种的壮龄母树外围枝上剪取接穗，剪去叶片，保留长 0.3~0.5 cm 的叶柄，随剪随接，当天剩余接穗用湿毛巾包裹，外套塑料袋保存。

定植：选择平地或 5°以下的缓坡地，翻耕后平整土地，按株行距 2 m×3 m 定植。春季植株未萌芽前进行定植，成活率最高。根部忌积水，6~7 月雨水季节定植，需注意排水。定植时，将树苗放于深 30~40 cm 的穴中舒展根系，填土时进行提苗踏实，浇足定根水。

日常管理 番荔枝需根据树体大小及不同生长阶段进行科学施肥。一般 1 年施肥 3 次，第 1 次于冬季修剪前后，结合清理种植地进行，肥料深挖深放，重施全施，施全年 80% 的磷肥、20% 的氮、钾肥；第 2 次施肥，于幼果期间（5~6 月）进行，施全年总氮肥的 40%、总磷肥的 10% 及总钾肥的 40%；第 3 次在 9~10 月间，施用全年总氮肥的 40%、总磷肥的 10% 及总钾肥的 40%。施用肥料应挖沟填埋，不可撒施。发芽至开花期、新梢生长和幼果膨大期、果实迅速膨大期严防大旱大涝。采果后及休眠期应增大浇水量。每年于冬、夏两季各进行 1 次修剪，以保持树形并促进花芽分化。

病虫害防治 番荔枝的抗性较强，少病虫害。主要病害有炭疽病、枝果病，可用石硫合剂、多菌灵、甲基托布津等防治。主要虫害有蛀果虫、蚜虫，采用以防为主、综合防治的措施进行防治：冬季结合修剪施肥进行栽培地的清理，清除杂草、枯枝、落叶、落果；化学防治时应本着绿色农业的原则，选用植物源农药、生物农药、高效低毒产品，施药应避开开花期以及午间时段，以防药害发生。蛀果虫可采取套袋、性诱杀等多种措施进行防治，蚜虫可选用大功臣、蚜虱净等进行防治。

采收与留种 6~11 月均可采收，由于番荔枝开花期长，果实成熟期先后相差大，应分期采收，先熟先收。采收时以左手托住果实，右手拿剪刀自果实基部剪下。采下果实避免互相碰撞，套袋处理后置于遮阳处，避免日晒或雨淋，有利于热量散发，降低果实温度。

选择优质丰产品种母株上的果实，待果实充分成熟后采收取种。种子取出后洗净，选饱满种子，晒干即播或充分晒干后保存，待第二年春播。

番荔枝科

6. 鳄梨

别名：油梨、酪梨、牛油果
Persea americana Mill.
樟科，鳄梨属

形态特征 常绿乔木，高约 10 m。树皮灰绿色，纵裂。叶革质，互生，长椭圆形、卵形或倒卵形，长 8~20 cm，宽 5~12 cm。革质，叶面绿色，叶背稍苍白色。羽状脉，侧脉每边 5~7 条。聚伞状圆锥花序长 8~14 cm，多数生于小枝的下部。花淡黄绿色，长 5~6 mm，花梗长达 6 mm，密被黄褐色短柔毛。花被筒倒锥形，花被裂片 6 片，长圆形。果大，通常梨形，长 8~18 cm，黄绿色或红棕色，外果皮木栓质，中果皮肉质。花期 2~3 月，果期 8~9 月。

分布 中国广东、海南、福建、台湾、四川、云南等地有引种。原产热带美洲。

生长习性 喜光，幼树较耐阴，幼苗期和裸露树干尤其忌曝晒。喜温暖至高温多湿环境，耐干旱。花期时温度不可低于 13 ℃或高于 44 ℃。喜土层深厚、排水良好的肥沃壤土。

用途 果可直接食用，或进行烹饪，营养丰富。也可药用，有助于降低血液中胆固醇含量，可防止动脉硬化，调节内分泌。叶药用价值高，可用作利尿剂、利胆剂、驱风剂、治肠炎、膀胱炎。园林中适合作景观树和庭园观赏树。

繁殖栽培技术 采用播种或嫁接繁殖。

播种：宜即采即播。播种前去除种皮，切去种子顶端及底部约 5 mm 小片后，浸种 24 h 后播种。实生育苗，按粒距 10 cm 播种，种尖朝上，盖土后种子外露约 1 cm，盖草保湿，30~40 天后发芽，苗高 10~20 cm 时，按大小分级移植，株行距 30 cm× 60 cm，培育一年即可种植或进行嫁接。容器育苗可播种于高约 20 cm 的浅盘中，长出 4 片叶后移于塑料育苗袋培育，方便管理并可延长种植期、提高成活率。育苗土用腐殖质土、少量腐熟椰糠混合，平均气温控制在 14~20 ℃。

嫁接：用种子实生苗或同科树种实生苗（如香樟）作砧木，用开花结实母树的枝条进行嫁接，嫁接 4 个月后苗高约 80 cm 时即可定植。

定植：选择地下水位在 1.5 m 以下、背风向阳、无台风袭击的地块，按株行距 6 m× 6 m、4 m× 6 m 或 5 m× 5 m 定植，定苗 390 株/hm^2，宜在 3~4 月进行。栽植时使根系自然伸展，与土壤充分接触并浇透定根水。树盘应高出地面 20 cm，以防下陷。栽培 3 年以后，根系扩展较宽，不宜间种其他作物，可用稻草覆盖树干周围，控制杂草生长并减少水分蒸发。

日常管理 定植时施足基肥，此后于春秋两季进行追肥，追肥量随树龄而增加，并重视磷钾肥的施用。严重落叶或枝枯时，表示缺肥，应加施肥料。花芽分化期、开花换叶期和果实膨大期为水分敏感时期，期间不可缺水。旱季及时对树冠内的地面进行松土、浇水。雨季做好排水。苗期及时抹去叶腋抽生的侧芽，干高 1~1.5 m 时摘心，留上部 2~3 侧芽培养为骨干枝。对结果树应以轻剪为主，主要剪去病虫枝、下垂枝、重叠荫蔽枝和干枯枝，加强通风透光。

病虫害防治　主要病害为根腐病、茎溃疡病、叶斑病、炭疽病、疮疖病等，可分别用瑞毒霉、杀毒矾、雷多米尔、氧氯化铜、敌克松或三乙磷酸铝、波尔多液喷杀防治；主要虫害为潜叶蛾、蚜虫、尺蠖、螨类、卷叶蛾、金龟子、钻孔线虫等，可用有机磷剂或菊酯类等常规杀虫剂喷杀防治。

采收与留种　9~10 月均可采收。定植 3 年后挂果，因有呼吸高峰，果实绿且硬时采收，采果时应用剪刀将果剪下，避免损伤果蒂导致病菌侵入。

鲜果播种，成熟种子在两个月后失去发芽能力。故选取优良果实成熟后取种，在两个月内进行播种。

7. 假蒟

别名：蛤蒌、山蒌、毕拨子
Piper sarmentosum Roxb.
胡椒科，胡椒属

形态特征 多年生匍匐逐节生根草本，长可逾 10 m。小枝近直立，无毛或幼时被极细的粉状短柔毛。叶膜质，有细腺点，叶阔卵形或近圆形，长 7~14 cm，宽 6~13 cm，顶端短尖，基部心形或稀有截平。叶脉 7 条，干时呈苍白色，背面显著凸起，网状脉明显。花单性，雌雄异株，聚集成与叶对生的穗状花序。苞片扁圆形，近无柄，盾状。浆果近球形，具 4 角棱，直径 2.5~3 mm，基部嵌生于花序轴中并与其合生。花期 4~11 月。

分布 中国广东、广西、福建、贵州、云南及西藏各地。印度、越南、马来西亚、菲律宾、印度尼西亚、巴布亚新几内亚也有分布。

生长习性 喜弱光，忌曝晒，光照 50 % 以上时易发生灼伤。喜温暖湿润环境，不耐寒，不耐干旱。在疏松、富含腐殖质的酸性土壤中生长良好。

用途 叶含丰富的维生素、蛋白质、氨基酸以及矿质营养元素，具有良好的保健功效，可作蔬菜食用。全草入药，行气止痛，祛湿消肿，可治蛇伤。根可治风湿骨痛、跌打损伤、风寒咳嗽、妊娠和产后水肿；果序可治牙痛、胃痛、腹胀、食欲不振；汁液对葡萄球菌、福氏痢疾杆菌有抑制作用；植株乙醇提取物对防治香蕉炭疽病、芒果炭疽病、香蕉枯萎病以及蔬菜害虫、害螨等多种病虫害具有较好生物活性。株形优美，管理粗放，观赏价值高。

繁殖栽培技术 采用播种和扦插繁殖。

播种：采用自然播种，种子入土越冬后，3~6 月间萌发，不需管理即可生长旺盛、四季常绿。

扦插：清晨剪取长 10~15 cm 插条，保留 2~3 个节，上端顶节保留 1~2 cm，基部节

保留 0.5~1 cm，下端剪成 45°斜口，去叶时注意不可损伤叶柄基部。剪下插条于阴凉处放置，并尽快扦插，以免失水影响成活。做宽高约 1.2 cm×30 cm 的微龟背形苗床，以细珊瑚砂为主要苗床基质，用 0.2% 的高锰酸钾溶液对床面进行喷淋消毒。扦插前苗床浇透水后钻扦插穴，将插条的 1/3~1/2 插入穴内，注意其头尾顺序，插下后压实沙土，使插条基部与之紧密接触，浇透水。扦插期间，苗床保持地温 20~26 ℃、湿度 80% 左右。每天早晚浇水共 2~3 次。扦插后约 2 个月，可移植到苗圃地或营养袋内。幼苗长至 10~15 cm、有 3~5 对叶、根系转为褐色后，即可移苗或进行容器移植。

日常管理　苗木生长期间，每半月施肥一次，以薄施为主，可用 2% 的复合肥喷施，施肥后需马上进行叶面过水，避免肥害的产生。施肥应避开雨天或 30 ℃ 以上的高温天气，选择晴天或阴天的清晨、下午、傍晚进行。浇水以保持基质土适度湿润为准则，并避开中午酷热时段进行，夏季每天约浇水 2 次。不可积水，避免苗木根部腐烂甚至整株死亡。及时除草，以"除小、除了"为原则。

病虫害防治　病虫害较少，其挥发油对防治小菜蛾具有良好的生物活性。

采收与留种　全株全年均可采收，采后洗净，鲜用或阴干备用。果穗秋季采集，晒干备用。
　　选健壮植株作种株，或在秋季及时采收种子，晒干贮藏。

8. 鱼腥草

别名：狗心草、折耳根、臭草
Houttuynia cordata Thunb.
三白草科，蕺菜属

形态特征 多年生草本，高达 30~60 cm，全草有特异的鱼腥气味。茎下部匍匐地面，节上生须根，上部直立，有时带紫红色。叶薄纸质，有腺点，卵形或阔卵形，长 4~10 cm，宽 2.5~6 cm。叶面暗绿色，叶背常赤紫红色。托叶膜质，基部与叶柄合生成鞘，有缘毛，基部扩大，略抱茎。花较小，淡黄色，排成穗状花序；花序生于茎顶与叶对生；总苞片长圆形或倒卵形。蒴果近球形，长 2~3 mm，顶端有宿存的花柱。花期 4~7 月。

分布 中国华南、华东、华中、西南等地。亚洲东部及东南部广布。

生长习性 喜弱光，喜温暖湿润气候，耐涝不耐干旱。生长前期适宜温度为 16~20 ℃，地下茎生长适宜温度为 20~25 ℃，且可越冬。对光照要求不严。不择土壤，微酸性砂土和砂壤土更佳。

用途 传统野菜，深受老百姓喜爱。含 71 种生物碱，微量元素含量较丰富。也可药用，被古人誉为"灵丹草""天然之珍"。味辛，性寒凉，归肺经。能清热解毒、消肿疗疮、利尿除湿、清热止痢、健胃消食等。具有抗菌、抗病毒、提高机体免疫力、利尿等作用。园林中可盆栽或丛植、片植。

繁殖栽培技术

采用根茎繁殖。

短茎播种：于春季进行，选择新鲜粗壮、无病虫害的成熟老茎为种茎，从节间剪断，每段长 4~6 cm，具有 2~3 个节，按株距 5~8 cm 平放于播种沟内，覆土厚 5~6 cm。之后浇透水，可覆盖地膜或稻草进行保湿，种茎需用量为 150~200 kg/hm^2。栽培前期约进行 3

次人工除草，出苗时温度保持在12 ℃左右，生长期间保持环境较高的水分和湿度。培土护根可促进地下茎生长。

定植：选择排水方便的平地。冬季翻耕晒地，按株距5~8 cm定植。种植期间水源不可有"三废"污染，保持植株的优良生长。

日常管理 施肥在保证氮肥充足的基础上再施加钾肥，促进根茎生长，并可配合施用磷肥。幼苗出土高约3 cm或茎叶转黄变小时，应开始追肥。生长期间保持沟内有水、栽培地面无水的状态，保证根茎产量。及时采收嫩茎叶并进行摘心，以防止地上部徒长，促进侧枝的发生。及时去蕾，保证地下茎生长所需养分。

病虫害防治 鱼腥草本身带有鱼腥味，抗病虫害能力较强。主要病害有白绢病和紫斑病。前者病害初期在土壤中施入石灰或喷洒含有粉锈宁、三唑酮乳油等成分的药剂；后者在发病初期，选用70 %代森锰锌、甲基托布津的药剂喷洒。主要虫害包括蝼蛄、地老虎、金龟子、金针虫、红蜘蛛，可以分别采用敌百虫、螨特乳油等药剂进行防治。栽种前严格选种，剔除病种茎。

采收与留种 生长25天后，即可分批采收鲜嫩茎叶。地下部分采收，需先将地上部割去；地下茎收获后覆盖稻草保湿。采收地下茎时留一部分或断头，来年回温时即可萌发出苗，进行合理管理可连续生产多年。

种子成熟时转为棕黑色，摘下种子已成熟的花序，晾干备用。人工栽培留种时直接在挖地下茎时留下细小地下茎末梢，让其自然萌芽，或选取粗壮地下茎进行假植，供种用。

9. 辣木

别名：象腿树、鼓槌树

Moringa oleifera Lam.

辣木科，辣木属

形态特征　乔木，高 3~12 m。树皮软木质，枝有明显的皮孔及叶痕，小枝有短柔毛，根有辛辣味。叶通常为三回羽状复叶，长 25~60 cm，在羽片的基部具线形或棍棒状的腺体。羽片 4~6 对，小叶 3~9 片，薄纸质，卵形，椭圆形或长圆形，长 1~2 cm，宽 0.5~1.2 cm。通常顶端的 1 片较大，叶背苍白色，无毛。花序开展，长 10~30 cm，苞片小，线形。花瓣匙形，5 枚，白色或奶黄色，芳香，直径约 2 cm。蒴果细长，豆角状，下垂，3 瓣裂，每瓣有肋纹 3 条。种子近球形，有 3 棱，每棱具膜质翅。花期全年，果期 6~12 月。

分布　中国广东、台湾等地有栽培。原产印度，现广植于各热带地区。

生长习性　喜光，适宜生长温度为 25~35 ℃，有遮阴下可耐 48 ℃高温，耐轻微霜冻，地上部分受寒可能导致死亡。主根长，可忍受长期干旱。可适应砂土、黏土以及微碱性土壤。

用途　根、嫩叶、嫩果可食用，花、种子、幼苗可做调料，为世界上最有营养的树。种子可药用，用于治疗高血压、糖尿病、溃疡、皮肤感染等疾病，可缓解疼痛、保肝、改善维生素 A 缺乏症和癌症，还具有增强 SOD 酶活性和抗氧化的特性，有"医药百宝箱"之称。

繁殖栽培技术　主要采用播种繁殖。

播种：挑选成熟、饱满、无皱、无虫蛀的优良种子，约 55 ℃温水浸种 4 h 后，再用 30 ℃温水或 30 ℃温水和百清菌或托布津配成的 500~800 倍药水浸种 1 天，即可播种于规格为 17 cm×12 cm 的营养袋土中，播后覆 1~2 cm 腐殖土，浇透水后保持营养土的湿润，出苗后定期用百菌清或托布津以 800~1000 倍液淋施，防止过湿引起根系腐烂。每隔 10 天施用 1 次 0.5% 尿素肥水或 0.5% 复合肥肥水。当苗高 30~40 cm、茎粗 0.8~1 cm 时，即可进行定植。

蔬菜式栽培：以采收鲜幼枝叶为主的蔬菜式栽培。按沟宽 0.5 m，株行距 40 cm×40 cm 种植，施肥以有机氮肥为主。于距地面 20 cm 处使用低位修剪法，每次剪梢留 1 节。

产籽式栽培：主要采收种粒，按株行距不低于 3 m 定植，栽培期间树高控制在 8 m 以下。种植第 1 年冬季，将主干距地面 0.8~1 m 以上部分截断。次年开始培养结果母枝，并逐年增加母枝数量，以提高产量。

日常管理　定植前施足基肥，定期适量追肥。

定植后需大量水肥,为保证产品质量,少施化肥,可施用现场铲除的杂草等焚烧的火土灰、草木灰等。幼树期以浅施为主,每隔30~40天施用水肥1次。成年树可适当深施,采用条沟施或放射线沟施,1年施肥2次,也可视生长情况进行根外追肥,主要喷施3%磷酸二氢钾。水分管理应注意及时排除渍水,并避免植株长期受旱。

病虫害防治　主要病害有枝条溃疡、根腐病等。可通过剪除病枝病叶和过密枝叶、避免雨季积水及时除草等措施进行防治。发生早期,可选用多菌灵800~1000倍液、甲基托布津1000~1500倍液或甲霜恶霉灵1500~2000倍液等进行喷施防治。主要虫害有星天牛、白蚁、红蜘蛛、蚜虫、二疣犀甲等。防治星天牛危害可在4月用石灰水涂抹树干,防止天牛产卵;防治白蚁可在树基部地面或树干下部环涂2.5%氯丹药液;防治红蜘蛛用阿维菌素2000倍液;防治蚜虫用尿洗合剂:洗衣粉、尿素、水按1:4:400比例制成水剂防治;防治大个二疣犀甲可采用人工捕捉成虫,或破坏其越冬场所以减少第2年虫源。

采收与留种　茎叶全年可采收,新叶见绿后即可采摘。果实6~12月均可采收,一般嫩荚中籽粒尚未膨大前就可采摘,一年可采摘2~3次。种子8~10月均可采收,一般荚果外表的茸毛褪光变亮时即可采收。

种子成熟期为8~10月,种荚变黑但尚未开裂时即可采摘,置于阴凉通风处干燥,待果荚开裂后取出种子低温保存,用于次年播种。

10. 荠

别名： 荠菜、地米菜、地菜、鸡心菜
Capsella bursa-pastoris (L.) Medik.
十字花科，荠属

形态特征 一年或二年生草本，高达 50 cm。无毛、有单毛或分叉毛。茎直立，单一或从下部分枝。基生叶丛生，呈莲座状，羽裂，长达 12 cm，宽达 2.5 cm。先端渐尖，边缘浅裂或近全缘，具叶柄。茎生叶窄披针形或披针形，较小，基部箭形，抱茎，边缘有缺刻或锯齿，或近于全缘。花多数，顶生成腋生总状花序。花瓣倒卵形，有爪，4 片，白色，"十"字形开放。萼片 4 枚，绿色，卵形，基部平截，具白色边缘。短角果倒三角形或倒心状三角形，扁平。种子约 20~25 粒，成 2 行排列，细小，倒卵形。花果期 4~6 月。

分布 中国各地。广布于全世界温带地区。

生长习性 喜光，稍耐阴，喜湿润气候。适宜生长温度为 12~20 ℃。高温长日照不利于其营养生长。对土壤的要求不严，喜土质疏松、排水良好的土壤。

用途 细嫩枝叶可作蔬菜，营养丰富。也可药用，性平，味甘，有和脾、利尿、止血、明目、降压、解毒等功效，可治疗痢疾、水肿、乳糜尿以及高血压。

繁殖栽培技术 采用播种繁殖。

播种：除冬季以外，其他季节均可进行。荠菜种子有休眠期，播种前将种子与细沙拌匀，置于 2~7 ℃条件下，7~9 天种子萌动即可播种。隔年的陈种子不需要进行催芽。

撒播或条播可选择排水便利的地块,播种时浇足底水,将种子与其 2~3 倍的细土或细沙拌匀,均匀撒于栽培地,覆土踩实,使土壤与种子紧密接触。春季播种,用种量为 0.75 kg/hm²;夏、秋季播种,用种量为 1.0~1.5 kg/hm²,可覆盖遮阳网,降温保湿、防暴雨。出苗前注意浇水保湿,掌握"轻浇、勤浇"的原则。白天温度保持 20~25 ℃、夜间 10~12 ℃,5~6 天即可出苗。出苗后,每日早晨露水未干时浇水。

日常管理 有条件的可在种植时撒施充分腐熟有机肥 3000 kg/hm²,待长有 2~3 片真叶时施 0.3 % 尿素液 1000 kg/hm²,10 天后再追 1 次肥。此后每次采收后进行追肥,并适当增加施肥量,收获前 7~10 天不再追肥。需水量大,应常浇水。需进行中耕除草,防止土壤板结,采收时可同时除杂草。

病虫害防治 主要病害为霜霉病和花叶病毒病,可分别用 72 % 烯酰吗啉可湿性粉剂 600~800 倍液和 5 % 菌毒清水剂 400 倍液进行防治。主要害虫为蚜虫,可清洁种植地,减少虫源,用 10 % 吡虫啉 10 g/hm² 或 3 % 辟蚜雾 3000 倍液喷雾进行防治。

采收与留种 早秋播种,播后 30~35 天采收;10 月上旬播种,播后 45~60 天开始采收;2 月下旬播种,播后 45 天、秧苗长有 10~13 片真叶时采收茎叶。

需建立单独的留种地进行荠菜制种,5 月初为最佳采收期。晴天的上午收割,晒 1 h 后搓出种子,晾干收藏,忌曝晒。一般种子可保留 2~3 年。

11. 塘葛菜

别名：蔊菜、野油菜、鸡肉菜
Rorippa indica (L.) Hiern
十字花科，蔊菜属

形态特征 一至二年生直立草本，高20~40 cm。茎单一或分枝，表面具纵沟。叶互生，基生叶及茎下部叶具长柄，叶形多变化，通常羽状分裂，长4~10 cm，宽1.5~2.5 cm。茎上部叶片宽披针形或匙形，叶柄短或基部耳状抱茎。总状花序顶生或侧生，花小，多数，具细花梗。花瓣4枚，黄色，匙形。萼片4，卵状长圆形，长3~4 mm，和花瓣近等长。长角果线状圆柱形，长1~2 cm，宽1~1.5 mm。种子细小，数量多。花期4~6月，果期6~8月。

分布 中国华南、华东、华北及西南各地区。日本、朝鲜、菲律宾、印度尼西亚、印度等国也有分布。

生长习性 喜光，稍耐阴，喜湿润气候。耐寒耐热性强，适宜生长温度为20~30 ℃，冬季生长缓慢。满足水分条件且无霜冻时，不择土壤。

用途 嫩茎叶可作蔬菜食用，含有丰富的维生素、蔊菜素、蛋白质、胡萝卜素、钾、钙、磷、铁、蔊菜酰胺等营养元素。全草可入药，性凉、味微苦、无毒，润肺，止咳，消炎，活血通络，被广泛用于哮喘、支气管炎等呼吸道疾病治疗，外用治痈肿疮毒及烫火伤。花繁叶茂，花色艳黄，是优良的地被植物。

繁殖栽培技术 采用播种繁殖。

播种：常于秋季进行。较易栽培，用种量为20~50 g/hm^2。种子细小，播种前将种子与其

重量 300 倍的细沙或 100 倍的草木灰混匀后再进行播种，播后盖遮阳网，出苗后揭去。种子出苗前需保持种植地面的湿润，出苗后及时除草。

定植： 按株行距 10 cm × 15 cm 进行间苗，每亩*留苗 35000~40000 株。

日常管理 有条件的可在种植时施腐熟有机肥 2000~3000 kg/hm²。出苗后每亩用尿素 7500 g 兑水 150 倍进行浇施追施。每次采摘后每亩每次用 5 kg 尿素兑水 150 倍浇施追肥，以促进幼苗生长、质地柔嫩。

病害虫防治 主要害虫有菜叶甲、菜青虫，选地种植时应远离十字花科蔬菜栽培地，发现虫害可用菊酯类农药防治。

采收与留种 出苗后 30~35 天即可摘嫩苔，可连续采摘 3~5 次，每茬亩产 600~800 kg。植株太老，不可采摘时，应拔除全株，重新整地播种。

果期为 6~8 月，当果瓣隆起、表面褐色，种子成熟时，收集种子晾干留用。

---

* 1 亩 ≈ 666.67 m²

12. 番杏

别名： 法国菠菜、新西兰菠菜
Tetragonia tetragonioides (Pall.) Kuntze
番杏科，番杏属

形态特征 一年生肉质草本，无毛，表皮细胞内有针状结晶体，呈颗粒状凸起。茎幼嫩时直立，老后平卧上升，高40~60 cm，肥粗，淡绿色，从基部分枝。叶片卵状菱形或卵状三角形，长4~10 cm，宽2.5~5.5 cm，边缘波状。花单生或2~3朵簇生叶腋。裂片3~5枚，常4枚，内面黄绿色。坚果陀螺形，具钝棱，有4~5角，附有宿存花被，具数颗种子。花果期8~10月。

分布 中国广东、福建、台湾、江苏、浙江、云南。日本、亚洲南部、大洋洲、南美洲也有分布。

生长习性 喜光，也耐阴，喜温暖环境。地上部分不耐霜冻，抗干旱，适宜发芽温度为25~28 ℃，适宜生长温度为20~25 ℃。适应性强，耐盐碱，在各种土壤均能正常生长。

用途 可作蔬菜，含丰富的铁、钙、胡萝卜素、维生素A和各种维生素B。也可药用，清热解毒，祛风消肿，治肠炎、败血症、疗疮红肿、风热目赤，有较高的药用价值。可作海滨地被绿化。

繁殖栽培技术 采用播种繁殖。

播种： 于3~5月播种。种子坚硬，不易吸水，播种前需进行种子处理。将种子与沙砾混合研磨，造成部分种皮破损，或温水浸种，用50 ℃的水边倒边搅拌，水温降至30 ℃时浸泡24 h后，捞起保温保湿，在20~28 ℃条件下催芽，催芽期间每天搅拌一次，使温湿度均匀、透气，约3~5天大部分种子露出胚芽后播种。

点播或条播： 条播方式播种，播种行距为50 cm，播种后覆盖一层过筛的细土，土厚1~2 cm，然后浇水保持土壤湿润。点播方式播种，播种株行距为30 cm×40 cm。直播每亩地用种量2 kg。

穴盘育苗： 先将混合好的基质装入穴盘中，使基质距盘口约1 cm，每穴点播2粒处理好的种子，并用基质覆盖表层，浇透水。当幼苗长出5~6片真叶时即可移栽定植。育苗移栽需种量较少，约为300 g/hm²。育苗期间注意通风，防止烂种，苗床控制在25 ℃左右，约10天即可出苗。保持日温20~25 ℃、夜温12~15 ℃，若干旱，可在晴天上午浇水，水量不可过大。出苗后约30~40天，幼苗长至5~6片叶时，经适当炼苗后即可定植。育苗期间不进行分苗，一次性育大苗，每穴留1~2株健壮幼苗。

定植： 按株行距30 cm×40 cm或50 cm×50 cm定植，每亩定苗3000~4000株。定植宜在晴天进行，打孔稳苗，逐穴浇透水，待水

渗下后用土将定植穴填平。

日常管理 番杏生长期长，每次采收后都发生侧芽，需氮、钾肥较多。因此，在播种前土地施足基肥后，还应进行多次追肥，以提高产量。因以嫩茎叶为产品，缺水时叶片变硬会影响品质，故在生长期需多浇水，土壤见干见湿，雨季要及时排水防涝，以免烂根。本种适度整枝，侧枝萌发力强，尤其是在肥水充足时，采收幼嫩茎尖后，萌发更多。生长过旺时应打掉一部分侧枝，使分布均匀，有利于通风透气和采光。定苗后随着植株生长，陆续摘收嫩梢。

病虫害防治 番杏具有很强的抗病虫害能力，一般不易发生病虫害，只是偶尔有一些食叶害虫啃食叶片，可用 90 % 晶体敌百虫 1000 倍液喷洒防治。

采收与留种 植株缓苗后，进入旺盛生长，当株高 20 cm 时，即可采收嫩尖，约 10~15 天侧枝可长出。露地栽培时老叶格外粗糙，保护地栽培因光照弱，而品质较嫩，收获较长嫩茎尖。番杏叶片厚、生长快，采收期长，为高产蔬菜，露地栽培可连续采收 5 个月，产量约为 3000~5000 kg。

选健壮植株或可在种植地采收 2~3 次嫩尖后作种苗任其自然生长，开花结实，果实呈黄褐色时及时采收，晒干贮藏。

13. 马齿苋

别名： 马苋、五行草、长命菜
Portulaca oleracea L.
马齿苋科，马齿苋属

形态特征 一年生草本，全株无毛。茎平卧或斜倚，伏地铺散，多分枝，圆柱形，淡绿色或带暗红色。叶互生或近对生，叶片扁平，肥厚，倒卵形，似马齿状，长1~3 cm，宽0.6~1.5 cm，顶端圆钝或平截，有时微凹，基部楔形，全缘，叶面暗绿色，叶背淡绿色或带暗红色，叶柄粗短。花常3~5朵簇生枝端，无梗，直径4~5 mm，午时盛开。花瓣5枚，黄色，倒卵形，长3~5 mm，顶端微凹，基部合生。苞片2~6，叶状，膜质，近轮生。蒴果卵球形，长约5 mm，盖裂。种子细小，多数，偏斜球形，黑褐色。花期5~8月，果期6~9月。

分布 中国南北各地均产。广布全世界温带和热带地区。

生长习性 具有向阳性，喜高温高湿，耐旱亦耐涝。发芽温度为18~20 ℃，适宜生长温度为20~30 ℃。对土壤要求不严，但喜肥沃的中性或弱酸性土壤。

用途 嫩茎叶可作蔬菜，生食或煮食皆可，营养丰富。马齿苋的 ω-3 脂肪酸含量高于人和植物，有助于降低血液胆固醇浓度、改善血管壁弹性，有助于防治心血管疾病。全草供药用，有清热利湿、解毒消肿、消炎、止渴利尿的作用，还可用作兽药、农药。种子有明目功效。

繁殖栽培技术 采用播种或扦插繁殖。
播种： 播种前用25~30 ℃温水和清水分别浸种30 min 和10~12 h，沥干、洗净后，与4~5倍的细土或细沙混匀播种，播种量约为

2500 g/ hm²。播后覆盖一层细土并立即浇水，12~45 天出苗。待第 1 片真叶出现时，施用 200 倍的碳酸氢铵液进行催苗。苗高 5 cm、10 cm、15 cm 时，各间苗 1 次，使最后定苗株行距为 10~15 cm。

扦插：选择当年生无病植株上茎粗、长势强、未开花结籽的侧枝做插条，剪为长约 5 cm、带有 3~5 个节的茎段，按株行距 3 cm × 5 cm 进行扦插，插后及时浇水，1 周后即可成活。

定植：播种或扦插后 15~20 天，按株行距 12 cm × 20 cm 定植。移栽前结合翻耕每亩施复合肥 15~20 kg，肥土混匀后平整地面，做沟宽 40 cm。栽后浇透定根水。

日常管理 生长期间需多次追施氮肥，夏季现蕾时可结合摘心追施氮肥，延迟生殖生长，提高产量。也可叶面喷施 0.2%~0.3% 的尿素 1~2 次，每亩用量 5 kg。幼苗期应及时浇水，成株后需水量减少，生育期间保持土壤湿润并及时排除积水，防止受渍。

病虫害防治 马齿苋生性粗放，病虫害少。主要病害有白锈病、白粉病、立枯病和猝倒病。白锈病发病初期和白粉病可分别用 25 % 甲霜灵 800 倍液、50 % 多菌灵 600~800 倍喷雾防治。立枯病和猝倒病的防治需注意避免低温，确保大棚温度不低于 10 ℃；遇病害时以生物防治为主，化学防治为辅，选用低毒低残留农药；苗期可经常喷洒小苏打溶液，预防病害发生。主要害虫为蜗牛、甜菜夜蛾、斜纹夜蛾和马齿苋野螟。蜗牛可于植株附近撒施生石灰防治，或夜间喷施 70~100 倍的氨水进行毒杀。甜菜夜蛾、斜纹夜蛾及马齿苋野螟可用 10 % 杀灭菊酯 EC 2000~3000 倍液喷雾防治。

采收与留种 苗高 15 cm 以上时进行采摘，采收开花前长 10~15 cm 的嫩枝，采摘前 30 天不可施药。嫩茎顶端可连续掐取，茎基部可再抽生新芽，植株每隔 15~20 天进行连续采收，一直持续至 10 月中下旬。

于 6~9 月进行采种，花后约 20~30 天蒴果成熟，种壳呈黄色时表示成熟，应立即采种，防止落地。种子细小，采种前可先在行间或株间铺上薄膜，再晃动植株，收集掉落于薄膜上的种子。

14. 土人参

别名：栌兰、土洋参、福参
Talinum paniculatum (Jacq.) Gaertn.
马齿苋科，土人参属

形态特征 一年生或多年生草本，高30~100cm，全株无毛。茎直立，肉质，基部近木质。主根粗壮，圆锥形，有少数分枝。叶互生或近对生，叶片稍肉质，倒卵形或倒卵状长椭圆形，长5~10 cm，宽2.5~5 cm，基部狭楔形，全缘。圆锥花序顶生或腋生，较大形，常二叉状分枝，具长花序梗。花小，直径约6 mm。花瓣粉红色或淡紫红色，长椭圆形、倒卵形或椭圆形。总苞片绿色或近红色，圆形。蒴果近球形，3瓣裂，坚纸质。种子多数，扁圆形，黑褐色或黑色，有光泽。花期6~7月，果期9~10月。

分布 中国中部和南部均有栽植。原产于热带美洲，分布于西非、南美热带和东南亚等地。

生长习性 喜光也耐阴，光照充足之处可使植株生长旺盛。喜温暖湿润气候，耐高湿，不耐寒冷，最适发芽温度为20~25 ℃，最适生长温度为25~30 ℃，可耐36 ℃以上高温，15 ℃时减缓生长，地上部遇霜冻枯死，而宿根可耐0 ℃或短-5 ℃低温。抗逆性强，耐贫瘠，土壤适应范围广，喜富含有机质的疏松壤土。

用途 嫩茎叶和肉质根可食用，营养丰富。药用，清热解毒，对气虚乏力、脾虚泄泻、肺燥咳嗽、神经衰弱等有一定疗效。

繁殖栽培技术 采用播种和扦插繁殖。

播种：每年3月初至4月底进行。种子萌发前用0.3 %高锰酸钾浸种消毒2 h，清水反复冲洗3~5遍后放入25 ℃温水中，催芽3 h。再使用GA_3 150 mg/L处理种子后，于35 ℃温水中催芽，种子发芽率可达90 %以上。

待种子露白量达 80% 以上即可播种。

苗床育苗：播种于疏松苗床上，覆盖一层细珊瑚砂，埋没种子即可，播种量约为 150 g/hm²。也可采用穴盘育苗，选用 72 目穴盘，每穴播 1~2 粒种子，播前基质浇透底水，播后再覆盖基质厚约 0.5 cm。出苗前可覆薄膜进行保温保湿，10 天左右，出苗达 60% 时揭去薄膜，加覆地膜，从而加快出苗时间，提高种子出苗率。播种后约 1 周小苗大致出齐，此时需浇透水 1 次，以提高幼苗成活率。幼苗长有 5~6 片真叶时即可移栽。

扦插：春季气温达 20~30 ℃ 时进行为宜，此时枝条生长素含量高，可较快生根发芽，成活率高。用长约 6~8 cm、带 2~3 叶片的健壮无病枝梢进行扦插，于叶节下约 0.5 cm 处剪下，扦插前注意保湿。苗床土选用素沙土或珍珠岩，不加肥料，按行距 5~10 cm、株距 5 cm 扦插，将插穗放入提前插好的小孔中，入土 1/3 或斜向入土 2/3，插后浇水，并适当覆盖遮光进行保温保湿。插条剪下当天扦插为宜，以避免枝叶变质。温度达 20~30 ℃ 时，约 10 天即可生根。插穗成活后 20~25 天、新发嫩梢长至约 10 cm 时，即可移植种植地。

定植：按株行距 25cm × 30 cm 定植，栽培密度为 7000 株 /hm²。定植前栽培地施足底肥，定植后浇透定根水，注意保湿。

日常管理　定植缓苗后，加施速效尿素 75 kg/hm²，以促进苗木生长。每次地上部分采收后，可于傍晚在叶面喷洒 0.3% 碳酰二胺和 0.3% 磷酸二氢钾混合溶液。采收嫩茎叶 3~4 次后，及时追施尿素 150~225 kg/hm²。栽培期间需保持土壤湿润，浇水宜上午进行，可排湿、减少病害。连续晴天时每 3 天浇水 1 次，雨季应及时排水。视情况每隔 20 天除草 1 次。阴雨过后进行松土，可增加土壤通透性，有效防止土壤表面板结和根腐病的发生。株高 10 cm 时去除生长点，保证高产优质。当第一级分枝长约 15 cm 时，去顶芽，矮化植株，促进根部营养物质的吸收和有效成分的积累。初花期去除花序，提高茎叶产量。

病害虫防治　主要病害为根、茎腐病。根腐

病采用代森锌 800 倍液浇灌根部 2~3 次进行防治，病株较少时，拔除病株并灌药，防止其大面积蔓延扩散。茎腐病应以预防为主，控制植株间距，保持充分通风；及时去除病变植株，清理四周并进行消毒，防止病害扩散；病株根系存活时，剪去病变茎节并消毒创口处即可。主要虫害为斜纹夜蛾、蚜虫。斜纹夜蛾卵块和成虫可人工清除，定植前可采用充分烟熏等方式防治，定植后采用植物杀虫剂 0.5% 苦参碱或藜芦碱 800~1000 倍液进行防治。蚜虫采用 0.5% 藜芦碱 800~1000 倍液进行防治。

采收与留种 定植后 20~30 天、株高约 15 cm 时，即可适当采收茎叶。采收时需保留最基部 1 对叶，留茬 4~6 cm，以利于新枝的抽生。每隔 10~15 天，新梢长至 10~15 cm 时又可采摘，露地栽培每株可采摘 8~10 次，产量为 37~45 t/hm^2。根部于秋季采收，一般亩产干品 50~75 kg。

土人参留种需进行隔离种植，适当减小种植密度，可适当去除末花期花朵。留种种子产量约为 150 kg/hm^2。成熟蒴果易爆裂，应及时分期采收。采收种子后除杂，种子晾晒后于干燥阴凉且通风处保存。

15. 棱轴土人参

别名： 归来参、人参菜、巴参菜、棱轴假人参
Talinum triangulare (Jacq.) Willd.
马齿苋科，土人参属

形态特征 多年生宿根草本，高 30~60 cm，全株无毛。主根粗壮，圆锥形，有少数分枝。茎直立，肉质，基部近木质。枝繁叶茂，叶互生，倒披针状长椭圆形，全缘。圆锥花序顶生，花茎 3 棱，小花 5 瓣，花冠紫红色，花色娇艳，花期全年。

分布 中国海南有引种栽培。原产于热带美洲。

生长习性 喜阳光充足，温暖湿润气候，最适发芽温度为 20~25 ℃，最适生长温度为 22~32 ℃。喜富含有机质、排水良好的砂质壤土。

用途 幼嫩茎、叶可当蔬菜食用。药用可解热、

消肿、通乳等。

繁殖栽培技术 生性强健，易于管理，繁殖栽培技术与土人参一致，而且更为简单。

采收与留种 定植后 20~30 天、株高约 15cm 时，即可适当采收茎叶。采收时需保留最基部 1 对叶，留茬 4~6 cm，以利于新枝的抽生。每隔 10~15 天，新梢长至 10~15 cm 时又可采摘，露地栽培每株可采摘 8~10 次，产量为 37~45 t/hm^2。根部于秋季采收，一般亩产干品 50~75 kg。

一般以扦插繁殖为主，不需要留种。

16. 火炭母

别名：赤地利、火炭毛、乌炭子
Polygonum chinense L.
蓼科，蓼属

形态特征 多年生草本。茎直立或匍匐，表面淡绿色或紫褐色，通常无毛，具纵棱，多分枝。叶卵形或长卵形，长 4~10 cm，宽 2~4 cm，顶端短渐尖，基部截形或宽心形，全缘。上部叶近无柄或抱茎。下部叶具叶柄，叶柄长 1~2 cm，通常基部具叶耳。托叶鞘膜质，长 1.5~2.5 cm，具脉纹，顶端偏斜。花序头状，通常数个排成圆锥状，顶生或腋生。苞片宽卵形，每苞内具 1~3 花。花被 5 深裂，白色或淡红色，裂片卵形，果时增大，呈肉质，蓝黑色。瘦果宽卵形，具 3 棱，长 3~4 mm，黑色，包于宿存的花被。花期 7~9 月，果期 8~10 月。

分布 中国陕西、甘肃和华南、华东、华中、西南地区。日本、菲律宾、马来西亚、印度也有分布。

生长习性 喜光，忌阳光曝晒，喜温暖湿润环境，不耐旱。对土壤要求不严，喜疏松、肥沃、排水良好的腐叶土。

用途 嫩枝叶可食用。全草药用。有清热利湿、凉血解毒、平肝明目、活血舒筋之功效，用于痢疾、泄泻、咽喉肿痛、肺热咳嗽、中耳炎、湿疹、眩晕耳鸣、跌打损伤、毒蛇咬伤等。可与蜂蜜炒食，止痢症。株形美丽，叶色、花果独特，可作小灌丛植、绿篱、地被绿化观赏。

繁殖栽培技术 采用播种或扦插繁殖。
播种：4~5 月进行为宜。播种前用 40~50 ℃

温水浸种 12 h,加快种子发芽,提高发芽率。

苗床育苗: 育苗基质可用腐殖土、细珊瑚砂、壤土按 2∶1∶2 比例均匀混合制成,熏蒸药剂或喷洒多菌灵等广谱性杀虫剂进行消毒,或于基质中加 0.15 % 甲醛溶液 40~80 L/m³ 拌土盖膜消毒。

撒播: 选择阳光充足的场地进行播种,播种前耕耙土层、清除杂物,播种后覆土约 0.5cm,浇水盖膜。可进行搭棚遮阳、防雨水。幼苗期间,用喷壶补水并喷施 1 次多菌灵,覆盖塑料薄膜。阴天可暂时去除遮阳网,待出苗 4~5 天后即可进行全光照,但应注意及时补水。4 月中旬杂草开始生长,需及时进行除草。

扦插: 一年四季均可进行。选择生长健壮、无病虫害、发育良好的中部枝条作插条。采前喷洒多菌灵防病,采后置于阴凉处进行制穗,要求穗长 4~5 cm,上剪口距上芽约 0.5 cm,下剪口剪成平口。可用 1000 mg/L 的萘乙酸处理扦插枝条,促进生根。插好后各进行 1 次补水并喷洒多菌灵,搭架、盖膜进行遮阳保温。当扦插苗高 20~30 cm 时,可选壮苗出圃。

日常管理 春、夏、秋各追肥 1 次,有条件的可每亩施腐熟有机肥 2000 kg,过磷酸钙和草木灰各 50 kg。若遇干旱,每周浇水 1~2 次,促使幼苗苗壮生长。暴雨季节做好排水防涝。

病虫害防治 常见病害有叶锈病和根腐病,可分别用 50 % 托布津可湿性剂 0.5~1 % 溶液喷雾和 50 % 多菌灵 0.1%~0.12% 溶液根部浇灌。主要虫害有蚜虫,可使用吡虫啉、抗蚜威等进行防治。

采收与留种 全年均可采收全株,但以夏秋季植株生长旺盛时采收为佳。

8~10 月采种,种子变为紫黑色时进行采集,采后直接放于通风处晾干,常温放至第 2 年春天 3~4 月再进行播种。

17. 红草

别名：锦绣苋
Alternanthera bettzickiana (Regel) G. Nicholson
苋科，莲子草属

形态特征 多年生草本，高约30 cm。茎直立或匍匐。叶对生，叶片矩圆形、矩圆倒卵形或匙形，长1~6 cm，顶端急尖或圆钝。绿色或红色，有杂斑。头状花序顶生及腋生，无总花梗，聚成白色小球，无花瓣。花期夏秋季。

分布 中国各大城市有栽培。原产巴西，热带地区普遍栽培。

生长习性 喜温暖，喜阳光，稍耐阴。不耐酷热及寒冷；不耐干旱及水涝。喜疏松肥沃和排水良好的砂质土壤。

用途 茎叶可食用，可炒食、凉拌或是炖汤。也可药用，清热解毒，调经止血。用于细菌性痢疾，肠炎，痛经，月经不调等。园林中适宜与浅色花卉配植作花坛或是在庭园荫蔽潮湿地丛植，亦可盆栽作室内植物，亦可水培。

繁殖栽培技术 采用扦插繁殖。

扦插：于春、夏两季进行。取生长健壮、无病虫害且具有2个节以上的枝条做插穗，按株距3~4 cm扦插，地温控制在20~25 ℃，5~6天生根，约2周后移植，否则需浇营养液以促进植株生长。夏季扦插采用间歇式喷雾的方法，防止插条腐烂。

定植：选择排水良好且稍荫蔽的地块，平整地面后，按株距 20~25 cm 定植。定植于 5 月上旬进行为佳。定植前施足底肥，定植后及时浇透定根水。

日常管理 培养土中一次施足基肥，苗期应平衡施肥；在栽培后期，忌施过量氮肥，易导致叶色暗淡无光；适当追施磷肥以促进叶面清新鲜艳。种植期间，浇水遵循"不干不浇、浇则浇透"的原则。夏季可经常进行叶面喷水，以提高空气湿度，并增加叶色鲜艳程度。在生长期需进行多次摘心。

病虫害防治 红草不易发生病虫害，但在高温多雨及通风不良环境中易发生茎腐病，可每周喷 70% 的甲基托布津 800 倍液进行防治。在栽植密集、阴湿的环境中，易发生蛞蝓、蜗牛等食叶害虫，可在植株基部周围撒施蜗牛灵防治。

采收与留种 四季可采茎叶，洗净鲜用或晒干。

采用扦插繁殖，不需要留种。

18. 皱果苋

别名：野苋菜、绿苋
Amaranthus viridis L.
苋科，苋属

形态特征 一年生草本，高 40~80 cm，全体无毛，茎直立，具不明显棱角，绿色或带紫色。叶片卵形、卵状长圆形或卵状椭圆形，长 3~9 cm，宽 2.5~6 cm，顶端尖或凹缺，稀圆钝，具 1 芒尖，基部宽楔形或近截形，全缘或呈波状缘。叶柄长 3~6 cm。圆锥花序顶生，长 6~12 cm，宽 1.5~3 cm，总花梗长 2~2.5 cm；花被片长圆形或倒披针形，长 1.2~1.5 mm。胞果扁球形，直径约 2 mm，绿色。种子近球形。花期 6~8 月，果期 8~10 月。

分布 中国东部及南部各地，生于旷野或村旁。世界温带至热带地区。

生长习性 不耐阴，喜湿润环境。耐寒，耐旱，耐盐碱，适应性强，但不宜在高秆作物中种植。

用途 嫩茎叶可作野菜食用，也可作饲料。全草入药，有清热解毒、利尿止痛的效用。亦可供园林观赏。

繁殖栽培技术 采用播种繁殖。

播种：于春季进行。播种前应深翻苗床土壤，每亩可施有机肥 1000 kg、复合肥 50 kg 作

基肥，施肥后翻耕使肥土混匀、细碎，地面平整，中间略高，防止积水。

撒播：4月上旬进行露地春播，用种量为3~3.5 kg/hm²。把种子与细沙以1:2~1:3比例拌匀，撒播于地面，并踩实。春播后7~10天即可出苗。出苗后及时除草，一次浇透水后直至出苗前不再浇水，以提高地温，促进出苗。

日常管理 出苗后，有2~3片真叶时，选择晴天进行第1次追肥浇水，可用46%尿素3 kg/hm²，加水250 kg泼浇。出苗后约半个月，进行第2次追肥浇水，可用46%尿素7 kg/hm²，加水350 kg泼浇。之后于每次采收后进行追肥浇水，每亩每次追施复合肥10~15 kg。生长后期，可采取叶面追肥，喷施植宝素8000倍液、滴滴神500倍液或绿芬威2号1000倍液，以提高产量与品质。

病虫害防治 春季主要病害为白锈病，发生初期，可用75%百菌清可湿性粉剂1000倍液或可杀得1000倍液喷雾防治，每5~7天防治1次，连续防治2~3次。主要虫害为蚜虫，可用10%吡虫啉可湿性粉剂2000倍喷雾防治。

采收与留种 春季播种后约40天可采收全株，以株高约15 cm为始收标准，长有6片叶时可进行第1次采收。先采收生长过密和较大植株，注意留苗均匀。每次采收过后进行补种，以此增加采收次数和产量，可连续采收约1个月。

留种时需先在种植地中选定留种地点，剔除杂株、劣株及杂草，按株行距25 cm保留健壮植株。当植株顶部籽粒转为红色、下部籽粒转为紫黑色时，选晴天早晨带露水收割，堆积自然风干3~5天后脱粒，种子晒干后入袋贮藏。

19. 刺苋

别名： 苋菜
Amaranthus spinosus L.
苋科，苋属

形态特征 一年生草本，高 30~100 cm。茎直立，圆柱形或钝棱形，多分枝，有纵条纹。叶片菱状卵形或卵状披针形，长 3~12 cm，宽 1~5.5 cm。顶端圆钝，具微凸头，基部楔形，全缘。叶柄长 1~8 cm，在其旁有 2 刺，刺长 5~10 mm。圆锥花序腋生及顶生，长 3~25 cm。下部顶生花穗为雄花。花被片绿色，顶端急尖，具凸尖，边缘透明，中脉绿色或带紫色。苞片在腋生花簇及顶生花穗的基部者变成尖锐直刺，长 5~15 mm。在顶生花穗的上部者狭披针形，长 1.5 mm，顶端急尖，具凸尖，中脉绿色。小苞片狭披针形。胞果矩圆形。花果期夏秋季。

分布 中国广东、广西、福建、台湾、江西、江苏、浙江、安徽、湖南、湖北、河南、陕西、贵州、四川、云南等地。日本、印度、中南半岛、马来西亚、菲律宾、美洲等地皆有分布。

生长习性 可适应高温炎热环境，喜生长于干燥荒地。

用途 幼叶可作野菜食用，富含蛋白质、脂肪、碳水化合物、钙、磷、胡萝卜素、维生素 B、维生素 C 等。也可药用，味甘、性凉，具有凉血止血，清利湿热，解毒消痈等功效。

繁殖栽培技术 采用播种繁殖。

播种： 早春播种，播种量较大，为 3~5 kg/hm^2；晚春或晚秋播种，播种量为 2 kg/hm^2；夏季及早秋播种，气温较高时，出苗快且好，播种量为 1~2 kg/hm^2。撒播可选择偏碱性的地块，翻耕平整后，施足量基肥。播后覆土厚 0.5 cm，压实，浇透水。夏播 3~6 天即可出苗。

定植： 移栽地的地面细碎平整后，按株行距 30 cm 定植。刺苋为野生蔬菜，易于管理，出苗后及时除草，并保持土壤湿润。在盛夏高温期，覆盖遮阳网进行降温保湿，创造利于刺苋生长的适温环境，提高产量，改善品质。

日常管理 当幼苗长有 2~3 片真叶时，进行第一次追肥；12 天后进行第二次追肥；当第一次采收后，进行第三次追肥；此后每次采收后追施尿素 5~10 kg/hm^2。春季栽培时，浇水量不宜过大；夏秋季栽培时加大浇水量，促进生长；每次施肥后都应及时浇水，利于植株吸收。

病虫害防治 苋菜抗病性较强，主要病害为白锈病，发病初期选喷 50% 甲霜铜可湿性粉

剂700倍液、64％杀毒矾可湿性粉剂500倍液进行防治。主要害虫为蚜虫，可用2.5％功夫乳油4000倍液喷雾防治。

采收与留种　春播苋菜在播种40~45天，株高10~12 cm，具有5~6片真叶时开始采收茎叶。第一次采收结合间苗，拔除过密、生长较大的苗；第二次进行割收，保留基部约5 cm；待侧枝长至约12~15 cm时，进行第三次采收。春播苋菜产量为1200~1500 kg/hm^2。夏秋播种的苋菜，播后30天开始采收，生产上只采收1~2次，产量在1000 kg/hm^2。

刺苋种子小而多，待黑亮时表示成熟，需在种穗干萎种子脱落前采种，采种数十株可供几亩地用种。直播留种品种容易混杂，要提高种子质量，可进行移栽留种。选择优良种株，6~7月按株行距30 cm×30 cm移植，种子产量为50~70 kg/hm^2，种子可保留1~2年。

20. 苋

别名: 雁来红、老少年、三色苋
Amaranthus tircolor L.
苋科, 苋属

形态特征 一年生草本，高 80~150 cm；茎粗壮，绿色或红色。叶片卵形、菱状卵形或披针形，绿色、紫红色或杂以其他颜色，顶端圆钝基部楔形，全缘或波状缘。花簇腋生，直到下部叶，或具顶生花簇，成下垂的穗状花序，花簇球形，雄花和雌花混生；苞片及小苞片卵状披针形。种子近圆形或倒卵形，黑色或黑棕色，边缘钝。花期 5~8 月，果期 7~9 月。

分布 中国各地均有栽培。原产印度，分布于亚洲南部、中亚、日本等地。

生长习性 喜温暖，较耐热，温暖湿润的气候条件对苋菜的生长发育最为有利。生长适温为 20~30 ℃，超过 35 ℃则生长不良，口感不佳。

用途 可作蔬菜，富含铁、钙、胡萝卜素、维生素 C。根、果实及全草入药，有明目、利大小便、去寒热的功效。

繁殖栽培技术 采用播种繁殖。

撒播和条播：撒播时，因为种子细小，需先将种子与细沙按 1:5 的比例混合均匀后再进行播种。播种前需浇足底水，待水渗下后，撒底土，再播种。播后用耙子将地面耙平，再覆盖一层薄土，之后镇压平整，防止浇水时将种子冲走，造成发芽不均。

定植：选地势平坦、排灌方便的地块，在水

分充足、肥沃的偏碱性土壤种植更有利于提高产量和品质。

日常管理 施足基肥，有条件的可使用有机肥。播种20天左右，幼苗长出2片叶以上时进行第1次追肥。选择晴天，亩施硫酸铵15 kg。间隔12~15天后进行第2次追肥。注意每次施肥后及时浇水，拔除杂草。

病虫害防治 常见的病害有白粉病、炭疽病、褐斑病、病毒病，常见虫害为蝼蛄。病害以危害叶面为主，在发病初期根据不同的症状，选喷58%雷多米尔锰锌可湿性粉剂500倍液治白粉病，或50%甲霜铜可湿性粉剂600~700倍液治褐斑病，25%炭特灵可湿性粉剂600~800倍液治炭疽病，或80%炭疽福美可湿性粉剂600~800倍液治炭疽病，75%百菌清可湿性粉剂500~600倍液治白粉病等等，喷施1~2次即可。

采收与留种 春播后40~45天，株高30 cm时进行采收。第一次采收拔除生长密集植株，之后仅采收幼嫩茎叶即可。每次采收，基部留桩约5 cm，以利发枝。秋播后约30天采收，一次性采收完全。

　　7~9月将优良种株的果穗剪下，用纸包好，放阴凉处晾干，收集成熟种子备用。

21. 青葙

别名：野鸡冠花
Celosia argentea L.
苋科，青葙属

形态特征 一年生草本，高 0.3~1 m，茎直立，绿色或红色，具明显条纹。叶片矩圆披针形、披针形或披针状条形，长 5~8 cm，淡红色，顶端急尖或渐尖，具小芒尖，基部渐狭。花多数，密生，在茎端或枝端成单一、无分枝的塔状或圆柱状穗状花序；苞片及小苞片披针形，白色，顶端渐尖，延长成细芒，花被片矩圆状披针形，初为白色顶端带红色，或全部粉红色，后成白色，顶端渐尖。种子肾形，凸透镜状。花期 5~8 月，果期 6~10 月。

分布 分布几遍中国。野生或栽培。东亚至东南亚及非洲热带均有分布。

生长习性 喜温暖，耐热，不耐寒。生长适温 25~30℃，20℃以下生长缓慢，遇霜凋萎；高于 30℃，其产品品质较差。对土壤要求不严，但吸肥力强，以有机质丰富、肥沃的疏松土壤产量高、品质好。

用途 嫩茎叶浸去苦味后，可作野菜食用；种子供药用，有清热明目的作用；花序宿存经久不凋，可供观赏。

繁殖栽培技术 采用播种繁殖。

撒播：3~6 月为最佳播种期，一般出苗时间为 7 天。可采用分期播种，连续采收，随时供应市场。先将种子与 2~3 倍细沙土拌和均匀撒播，然后覆一层 1 cm 左右的薄细土，稍压一遍，使种子和泥土紧密接触，并以喷雾方式浇透水。

定植：选地势平坦、排灌方便、杂草较少、疏松肥沃的壤土；然后按畦面宽 120~150 cm，畦高 20~25 cm 起畦，平整畦面。待苗高 10 cm 后进行移植。

日常管理 青葙抗病虫害强，管理比较粗放。若能在其采收期保证充足的肥水供应，可达到优质丰产效果。出苗前后要小水勤浇，保持土壤湿润，待苗长至 2~3 片真叶后，根据生长情况追肥，一般追施速效氮肥 1~2 次，每次每亩随水冲施尿素 5 kg，以后每采收一次，每亩随水冲施尿素 8 kg。因青葙种植密度大，需水量较大，特别是在其生长旺盛时期，加强浇水，雨天则应及时排水，防渍害烂根。

病虫害防治 病虫害较少，可选用优良抗病品种，及时清理种植地，并进行轮作，以此减少病虫害的发生。

采收与留种 生长周期一般为 30 天，可陆续间苗采收。第二次采收在株高 25 cm，在基部留 10 cm 左右，采摘上部嫩梢，采摘后仍能抽生侧枝再采收。

7~9 月及时将优良种株的果穗剪下，晾干后备用。

22. 巴西人参

别名：珐菲亚、南美苋

Hebanthe eriantha (Poir.) Pedersen

苋科，藤棉苋属

形态特征 多年生草本，高 150~200 cm。茎匍匐，根茎粗大，根通常 3~5 条，圆柱形，呈黄色。茎秆由若干节组成，节间空而长，节的茎部呈膝状膨大，侧枝对生。单叶对生，长卵形，无托叶。穗状花序，小花多、密集，簇生于茎的顶端，花小，呈辐射对称。胞果瘦小，黄褐色，种子分批成熟，易脱落。花果期 5 月至翌年 2 月。

分布 近年来，中国广东等地有引种栽培。原产于南美洲。

生长习性 喜光，通常生长于阳光较为充足的地方。喜土层深厚、疏松、排水良好的砂质土壤。

用途 富含三萜及三萜皂苷类、甾体类及其皂苷类化合物，被收入世界 100 种滋补品中，可综合而全面的调节人体生理机能。根可入药，在改善亚健康状态、缓解疲劳、改善睡眠、增强免疫力、增加食欲等方面效果明显。同时可有效减缓"三高"人群的病情，改善便秘，祛除色斑，延缓更年期等。

繁殖栽培技术 采用播种和扦插繁殖。

播种：播种前整平苗床，因种子细小，播种时可先将种子与适量细沙搅拌均匀后撒播，播后盖土约 6~7 mm，覆盖一层干草，防止阳光曝晒和雨水打落。种子萌发后立即揭去盖草，苗高约 10~15 cm 时即可移栽。

扦插：每年春季结合剪除老茎枝进行，于健壮无病虫茎秆上剪下长约 25 cm 且带有 2~3

个节的插条。沙床开深 15 cm 的沟,插条与沙面呈 45°斜摆入沟内 2/3,株行距约为 5 cm×15 cm,插后浇透水。前期可用遮阳网遮阴,待插条发芽生根后揭去遮阳网,约 20 天后可移栽。

定植: 选择排水良好、光照充足的地块,翻耕土地,按株行距 30 cm×40 cm 定植,栽植量约为 37.5 万~45 万株/hm²,冬季无霜地区四季均可进行,但以 3~5 月最佳。定植前施基肥 45000 kg/hm²,选择阴天或雨后定植,栽后将土压实,浇透定根水。幼苗期应加强除草,除草时尽量避开植株,避免幼苗受力折断。栽植幼苗时在地面铺上干草,可防止杂草滋生并起到防止土壤板结的效果,幼苗种植 50~60 天即可长满栽培地。

日常管理 药用部位为根部,不宜施用氮肥或含氮较多的肥料,可适当增施磷钾肥或复合肥,每年 4 月植株高 30 cm 时施用复合肥 15 g/株。植株生长期间应保持土壤湿润,遇旱浇水,雨季加强排水,以促进根部生长。地上部及时进行修剪整枝,3 月将老枝从基部剪去。5 月花果期可去除部分侧枝,使对生侧枝变成互生侧枝,防止叶片过量脱落,并改善种植地的通风透光度;或在植株刚进入生长旺盛期时(长至 8 个节间,株高 60~70 cm)喷施浓度为 250 mg/L 的多效唑,也能起到一定的效果。

病虫害防治 主要病害为真菌性叶斑病,可在还没有发病前或发病时用多菌灵兑水 1000~1500 倍或百菌清兑水 1200 倍喷雾进行防治。主要虫害为菜青虫、红头芫菁、木蠹蛾,可用功夫乳油进行防治。

采收与留种 栽后 2 年的 10~12 月均可采收。采收时除去地上部分,将根部完整挖出,洗净泥沙,烘软后晒干即成商品。置干燥、阴凉、通风处贮藏。

每年秋季或初冬收集成熟种子,晾干,置室内通风干燥处保存至来年春播。

23. 藤三七

别名： 洋落葵、川七、藤子三七
Anredera cordifolia (Ten.) Steenis
落葵科，落葵薯属

形态特征 多年生缠绕藤本，长可达数米。根状茎粗壮，茎圆形，嫩茎绿色，老熟茎变为棕褐色，光滑无毛。叶互生，具短柄，卵形至近圆形，长 2~6 cm，宽 1.5~5.5 cm，顶端急尖，基部圆形或心形，稍肉质，腋生小块茎（珠芽）。总状花序具多花，花序轴纤细，下垂，长 7~25 cm。苞片狭，宿存。花梗长 2~3 mm，花托顶端杯状，花被片白色。花期 6~10 月。

分布 中国广东、福建、浙江、江苏、四川、云南、北京。原产于巴西，南美热带地区亦有分布。

生长习性 耐阴，喜温暖湿润气候。适宜生长温度为 17~25 ℃，不耐霜冻，35 ℃以上高温下会导致病害严重、生长不良。对光照要求较弱，遮光率约 45% 时生长良好。越夏需水源充足、遮光良好，喜疏松透气的砂壤土。

用途 叶片、珠芽可作蔬菜，富含蛋白质、碳水化合物、维生素、胡萝卜素等。硒含量极高，具有抗癌防老等特别功效，尤其适宜运动员、风湿患者、伤残患者、中老年人食用，可起到良好的保健作用。也可药用，微苦、性温，有滋补强壮、散瘀止痛、除风祛湿、降低血脂血压、补血活血等功效。

繁殖栽培技术 采用珠芽、块茎或扦插繁殖。
珠芽繁殖： 摘取叶腋上的珠芽或茎基部的珠芽团，剥离成单个珠芽，芽尖向上种于苗床，需稍露芽尖。2~3 周即可成苗。
块茎繁殖： 选择生长健壮、无损坏、无病虫

害的块根，按行距 60~70 cm、株距 30~35 cm，挖深 5~10 cm 穴，每穴栽种一个茎块，种植时需芽眼向上。

茎蔓扦插：先布置好苗床，剪取长约 10 cm、具有 2~3 个节位的 1 年以上的茎蔓枝条，顺着叶片的生长方向进行扦插，深 4~5 cm，保持适当间隔，浇透水。插后 3 天内需适当遮光，第 4 天后逐渐撤去遮阳物，以利于植物的正常成活。扦插后 1~7 天内，白天温度保持在 25~30 ℃之间，夜间温度不可低于 10 ℃。7 天后白天温度保持在 22~25 ℃，夜间 6~8 ℃，并适当通风炼苗。5~7 天即可长出新根，20 天左右成苗。

定植：选择排水良好的地块，按株行距 17 cm×20 cm 定植，每亩种植 5000~5500 株。适当密植有利于提高前期产量，定植后应浇透定根水。

日常管理　栽培地确保氮肥和适量的磷钾肥的施加。每采摘一两次后，有条件的可每亩追施约 200 kg 经高温消毒的膨化鸡粪。需随时拔除杂草，适时进行中耕松土，保持土壤湿润，高温季节浇水，多雨季节排水。分枝性强，需通过整枝、修剪、摘心等措施来控制植株的生长和发育。

病虫害防治　病虫害较少，主要虫害有斜纹夜蛾、甜菜夜蛾、蚜虫等。斜纹夜蛾、甜菜夜蛾可用 0.36% 百草一号水剂 1000 倍液或 0.6% 清源保水剂 1500 倍液喷雾防治，蚜虫用 5% 天然除虫菊乳油 1000 倍液喷雾防治。

采收与留种　定植 30 天后即可随时采收，采收期可持续约 6 个月，一次种植，多年收获。适时摘取长 12~15 cm 嫩梢和厚大、成熟、无病虫的叶片。大面积栽培时清晨采摘为好。鲜叶片采收后用保鲜膜包裹，储藏于 5 ℃下，可保存 7~10 天。每亩年产量可达 3000~4000 kg。

种子难以获得，故一般采用无性繁殖。

24. 潺菜

别名：落葵、藤菜、木耳菜
Basella alba L.
落葵科，落葵属

形态特征 一年生缠绕草本。茎无毛，肉质，绿色或略带紫红色。叶片卵形或近圆形，长 3~9 cm，宽 2~8 cm，顶端渐尖，基部微心形或圆形，下延成柄，全缘，叶背叶脉微凸起。叶柄长 1~3 cm，上有凹槽。穗状花序腋生，长 3~15（20）cm。小苞片 2，花萼状，长圆形，宿存。花被片淡红色或淡紫色，卵状长圆形。果实球形，直径 5~6 mm，红色至深红色或黑色，多汁液，外包宿存小苞片及花被。花期 5~9 月，果期 7~10 月。

分布 中国南北各地多有种植，南方有逸为野生。原产亚洲热带地区。

生长习性 喜光，耐高温高湿。适宜生长温度为 25~30 ℃。喜湿润、疏松、肥沃砂壤土。

用途 可作蔬菜，近茎部分的梗叶可食。果汁可作无害的食品着色剂。全草供药用，为缓泻剂，有滑肠、散热、利大小便的功效。花汁可清血解毒，外敷治痈毒。适用于庭院、窗台阳台和小型篱栅装饰美化。

繁殖栽培技术 采用播种繁殖。

播种：播前温水浸种 6~8 h，期间去除果肉，再置于 28~30 ℃ 下催芽 3~5 天，约 5 % 的种子露白后播种。苗床育苗，选择高燥向阳的地块，整地，每亩施腐熟有机肥 800 kg、复合肥 30 kg，苗床宽 1.2~1.4 m，浇透水后播种。播后覆土踏实，覆盖地膜以保湿保温，约 30 % 种子出土时揭去。当苗高 8~10 cm、具有 4 片真叶时即可定植。也可直播，散播以采收幼苗为主，条播、穴播以采收嫩梢、嫩叶为主。

定植：可按株行距 17~20 cm×17~20 cm 栽植，亦可搭架栽培，按株行距 30 cm×50 cm 定植。

日常管理 在施足基肥情况下,每次采收后追施尿素 20 kg/hm²。多于晴天早晨或下午进行浇水,但注意避免积水烂根。以采收嫩梢为目的的植株,苗高约 30 cm 时,只保留茎基部 3 片叶,并从茎基部摘除枝叶密集、有郁闭现象的枝蔓,加强通风透光,仅选留 2 个强壮侧芽成梢;收割二次梢后,留 3~6 个强壮侧芽成梢,中后期随时抹去花蕾;收割末期,留 1~2 个强壮侧芽成梢。以采收嫩叶为目的的植株,苗高约 30 cm 时,搭人字架或网架,并及时引蔓上架,除主蔓外,于基部保留 2 个健壮侧蔓,组成骨干蔓,骨干蔓上不留侧蔓。

病虫害防治 主要病害为褐斑病,从幼苗到收获结束均可发生,可用代森锰锌 600 倍液喷雾防治。虫害少见。

采收与留种 株高 20~25 cm 时可采收嫩茎叶。采收时,只保留茎基部 3 片叶。当气温高于 25 ℃时,一般每隔 10~15 天采收 1 次,每次采大留小,产量约为 2000~3000 kg/hm²。

10 月中下旬,叶片变黄脱落,成熟种子落于地膜之上,拔蔓去杂后,收集种子贮藏备用。

25. 阳桃

别名：洋桃、五敛子、酸桫

Averrhoa carambola L.

酢浆草科，阳桃属

形态特征 乔木，高可达 12 m。奇数羽状复叶，互生。小叶 5~13 片，全缘，卵形或椭圆形，长 3~7 cm，宽 2~3.5 cm。叶面深绿色，叶背淡绿色。花小，微香，数朵花组成聚伞花序或圆锥花序，花枝和花蕾深红色。花瓣略向背面弯卷，长 8~10 mm，宽 3~4 mm，背面淡紫红色，有时为粉红色或白色。萼片 5，覆瓦状排列，基部合成细杯状。浆果肉质，下垂，常有 5 棱，横切面呈星芒状，长 5~8 cm，淡绿色或蜡黄色。种子黑褐色。花期 4~12 月，果期 7~12 月。

分布 中国广东、广西、福建、台湾、云南有栽培。原产马来西亚及印度尼西亚，现广植热带、亚热带各地。

生长习性 忌强烈日照。喜高温多湿气候，不耐寒，忌西北风。适宜年平均气温为 20~26 ℃、无霜冻、年降水量 1500~3000 mm 的环境。最适宜的开花结果温度约 20 ℃，0 ℃以下幼树冻死且影响开花结果。喜土层深厚、肥沃、排水良好的土壤。

用途 著名热带水果，营养丰富。其根、枝、叶、花、果均可药用。可治头风痛、关节痛、心区痛、遗精、流鼻血；枝叶散热毒、利小便，可治血热瘙痒、发热头痛、疥癣、水痘。树形美观，果实形态奇异，为良好的园林风景树。

繁殖栽培技术 采用播种或嫁接繁殖。

播种：播前浸种，按粒距 2~3 cm 进行条播或撒播。播后覆盖厚 2~3 cm 细土，浇透水，盖草或农膜以保湿增温。盖草苗床 2~3 天浇水 1 次，盖农膜苗床 3~4 天浇水 1 次。播种后 17~18 天种子发芽，苗高 10~12 cm 时进行移植。

嫁接：选择 2~4 年生的植株作砧木，接穗选取树冠外围向阳部分的 1~2 年生枝，叶柄保留 0.3~0.5 cm，剪去叶片以减少水分蒸发，嫁接时温度保持在 20~30 ℃。嫁接方法有切接、靠接、劈接、合接、"丁"字形芽接及芽片贴接。嫁接种植后每天多次浇水，保持土壤湿润。仅保留 1 条健壮接穗新梢，即时抹去新长出的萌蘖芽。在幼苗生长过程中及时除草、松土，并除去主干上离地面 30 cm 以下的萌蘖苗。接后 20~30 天解绑，以利于嫁接口愈合生长。待接穗新梢茎干木栓化部分长约 15 cm 时，即可定植。

定植：选择含有机质较多、土层较厚的地块，挖 80 cm× 80 cm× 70 cm 植穴，按株行距

4m×4 m 或 4 m×5 m 定植。种植密度约为 640 棵 /hm²。幼苗怕晒，定植时可用稻草包扎树干。

日常管理　幼苗期施肥遵循薄施勤施，定植成活后，开始每月施入 1 次加有少量钾肥的尿素液肥。高温强日照时，施肥应在傍晚进行，若干旱，则需进行浇水。果熟前 20 天施 1 次速效复合肥，并适当减少浇水量。忌旱怕涝，应视情况及时进行浇水、排水。开始结果后，每年修剪 3 次，以冬季修剪为主。做好疏花、疏果以及套袋保果。

病虫害管理　主要病害为褐斑病、枯萎病和炭疽病，可分别用 78% 的科博 500 倍液、0.1% 的多效灵、1% 的波尔多液进行防治。主要虫害有小窠蓑蛾、鸟羽蛾、阳桃食心虫，可分别用杀螟松乳油 2000 倍液、菊酯类农药 8000~10000 倍液、90% 的敌百虫加 0.2% 的洗衣粉兑水 500~800 倍液喷雾防治。

采收与留种　主要有 3 次收果期：7~8 月、9~10 月、11~12 月，一般 11~12 月才留红果。开花到成熟约 80 天，待果实红黄色时采收。采果时注意轻拿轻放，避免机械损伤，采后果实做好防晒。

　　果实成熟后，采收健壮母树上果大端正、充实饱满的果实，从中取出种子，洗去外部的胶质。因阳桃种皮较薄，不宜直接在阳光下曝晒，应将种子摊开放于通风、干燥处晾干留用。

26. 百香果

别名：西番莲、巴西果、鸡蛋果
Passiflora edulis Sims
西番莲科，西番莲属

形态特征 草质藤本，长约 6 m。茎具细条纹，无毛。叶纸质，长 6~13 cm，宽 8~13 cm，基部楔形或心形，掌状 3 深裂，中间裂片卵形，两侧裂片卵状长圆形。聚伞花序退化仅存 1 花，与卷须对生。花芳香，直径约 4 cm。苞片绿色，宽卵形或菱形，边缘有不规则细锯齿。萼片 5 枚，外面绿色，内面绿白色，外面顶端具 1 角状附属器。花瓣 5 枚，与萼片等长。外副花冠裂片 4~5 轮，外 2 轮裂片丝状，约与花瓣近等长，基部淡绿色，中部紫色，顶部白色。内副花冠非褶状，顶端全缘或为不规则撕裂状。浆果卵球形，鸡蛋大小，熟时紫色。种子多数，卵形。花期 5~7 月，果期 6~11 月。

分布 中国广东、海南、福建、台湾、云南。原产美洲热带，现世界热带地区广泛栽培。

生长习性 喜光，喜高温。适宜生长温度约为 22~30 ℃，0 ℃以上时生长良好，−2 ℃时植株严重受害甚至死亡。长日照条件有利于开花，适宜在年日照时数 2300~2800 h、平均气温 18 ℃以上、降雨量在 1500~2000 mm 且分布均匀的地区种植。对土壤要求不高，pH 5.5~6.5 为宜。

用途 水果中的维生素之王，果可直接食用或作蔬菜。也可药用，治疗焦虑、喘咳、失眠，具有抗氧化、抗菌、神经保护等作用，同时可美容保健、延缓衰老。可观花观果，常作蔓篱、绿墙或荫棚观赏。

繁殖栽培技术 采用播种或扦插繁殖。

播种：于 2~5 月进行。播种前用加有多菌灵的水浸种，可促进种子萌发并预防病虫害。种子露白后进行播种，约 15 天发芽，长有 10 片叶片时即可移栽。

扦插：于 3~4 月或 9~10 月进行。硬枝扦插，选择 2 年生的 3 节枝条，底部剪成切口，斜插于沙床，30 天后生根。软枝扦插，选择带有叶、芽的新生枝芽，蘸取生根液后插于沙床即可。

定植：选择阳光充足、雨水较为充沛的地区，翻耕晒土后，撒生石灰进行土壤消毒，种植前施足基肥，有条件的可施用腐熟有机肥 2.5~5.0 kg/株。按株行距约 3~3.5 m×3 m 定植，定植穴宽 60 cm、深 20~30 cm，选择阴天或雨后晴天进行，种植密度为 70 株/hm²。若采用单篱式栽培，株、行距为 3.5~4 m×1.7~1.8 m，种植密度约为 100 株/hm²。注意回土时以不盖住侧芽为宜，利于侧芽生长，回土后淋透定根水。

日常管理 生长过程中需定时除草。定植后可在距根部 30~40 cm 处穴施或环绕根部沟施复合肥 0.5 kg/株，回土覆盖。因育苗期易被蚂蚁、蟋蟀等害虫咬食，定植后需及时在果茎基部四周撒施防虫药物。定植成活后

可追施氮肥，后期可适量施加尿素，促进根的生长。及时摘除主蔓上的侧芽，促使主枝生长粗壮。因根系较浅，生长期间最好保持土壤湿润。开花期兑水分要求高，7~8月高温时期需频繁浇水，于早上或傍晚降温时进行。每年于采收过后对挂果枝进行修剪。

病虫害防治 病虫害较少，常见的病害有病毒病、炭疽病、根茎腐病、苗期猝倒病、疫病。可选用无病种苗栽培，定植前进行土壤消毒，及时清除病虫果、落叶、杂草并修剪病、残、死枝，进行集中烧毁。发病时可分别用辛菌胺300~500倍液+阿卡迪安（加拿大海藻精）1000倍液+35%吡虫啉（剑祥）2500倍液、45%咪鲜胺2500倍液、辛菌胺300倍液+24%噻呋酰胺1500倍液、95%恶霉灵原粉4000倍液、霜脲锰锌（克露）600倍液进行药剂防治。主要虫害有金龟子、白蚁、果蝇，金龟子、白蚁可用90%敌百虫800倍液、毒死蜱800倍液进行防治；果蝇可用毒死蜱颗粒剂进行防治或使用性诱剂诱杀雄虫。采用套袋也可减少果实病虫害。

采收与留种 果实呈紫红色或暗红色时，表示成熟，即可采收。采果时注意轻拿轻放，防止对果实产生损伤。采收后的百香果要进行清洗、晾干，之后放入保鲜袋，置于约6℃环境下保存。

11月摘取成熟果实，取出种子洗净后，于阴凉处晾干留用。

27. 龙珠果

别名：假苦果、龙须果、龙眼果
Passiflora foetida L.
西番莲科，西番莲属

形态特征 草质藤本，有臭味。叶膜质，宽卵形至长圆状卵形，长 4.5~13 cm，宽 4~12 cm。先端 3 浅裂，基部心形，边缘呈不规则波状，通常有毛。叶柄密被平展柔毛和腺毛，不具腺体。托叶半抱茎，深裂，裂片顶端具腺毛。聚伞花序退化仅存 1 花，与卷须对生。花白色或淡紫色，具白斑，直径 2~3 cm。花瓣 5 枚，与萼片等长。外副花冠裂片 3~5 轮，丝状。内副花冠非褶状，膜质。萼片 5 枚，长 1.5 cm，外面近顶端具 1 角状附属器。苞片 3 枚，一至三回羽状分裂，裂片丝状。果熟时黄色。种子多数，椭圆形，草黄色。花期 7~8 月，果期翌年 4~5 月。

分布 中国广东、广西、台湾及云南有栽培，多逸为野生。原产西印度群岛。

生长习性 喜阳光充足，适合热带、亚热带温暖气候。不耐寒，耐盐，耐旱。冬季温度应在 4 ℃ 以上。喜欢攀缘，常常利用卷须攀爬在其他植物上以获得阳光。喜排水性好的砂质土壤。

用途 果可食用，含丰富的维生素（B_1、B_2、B_3、B_{12}、C）和白蛋白、多种酵素、纤维质、花青素、钙、铁、磷。也可药用，助消化，预防大肠癌、糖尿病、重金属中毒，对降低胆固醇及高血压有辅助作用。园林中可为热带地区的石山造景和棚架栽培观赏。

繁殖栽培技术 采用播种繁殖。

播种：于 3 月进行，采取直播法，条播行距约 35 cm，播种均匀后覆土 2 cm，浇水保湿，7~10 天即可出苗。苗高约 5 cm 左右时进行定植。

定植：按株距 10 cm 定植，以排水良好的地块种植为佳。行间插入竹枝或细树干，便于茎蔓攀爬。

日常管理 栽培期间共进行3次追肥,定苗时追施氮肥;生长期有条件的可追施有机肥;始花期除施用氮肥外,还需增施过磷酸钙。每次追肥前做好中耕除草工作,施肥后进行培土。栽培期间及时浇水,保持土壤湿润。

病虫害防治 龙珠果少有病虫害且为食虫植物,依靠花托分泌具有特殊香味的黏液吸引并粘住小型昆虫,滋养果实长大。

采收与留种 4、5月均可采收果实。夏末秋初采收全株,洗净,可鲜用或晒干。秋冬季挖取根部,洗净后晒干。

秋初将成熟果实采回,去除果实皮肉,将种子晾干后,置通风处贮藏,备用。

28. 绞股蓝

别名：七叶胆、五味参、小苦药
Gynostemma pentaphyllum (Thunb.) Makino
葫芦科，绞股蓝属

形态特征 草质攀缘植物。茎细弱，具分枝，具纵棱及槽。叶膜质或纸质，鸟足状，具3~9小叶。小叶片卵状长圆形或披针形，边缘具波状齿或圆齿状牙齿。叶面深绿色，叶背淡绿色，两面有稀疏短硬毛，叶面平坦，叶背凸起，细脉网状。卷须纤细，2歧状分支，稀单一。花小，雌雄异株。花冠淡绿色或白色，5深裂。雄花圆锥花序，被短柔毛。雌花圆锥花序远较雄花之短小，花萼及花冠似雄花。花梗丝状，基部有钻形小苞片。花萼筒极短，5裂，裂片三角形。果球形，成熟后黑色，内含倒垂种子2粒。种子卵状，心形，压扁，两面具乳突状凸起。花期3~11月，果期4~12月。

分布 产中国长江以南各地。朝鲜和日本也有分布。

生长习性 喜半阴，喜温暖至高温湿润气候，不耐干旱，耐寒。适宜生长温度为25~28 ℃，遇霜冻时，地上部分枯死，地下部分可存活。忌强光直射，需上层覆盖荫蔽度约70 %的遮阴网。空气相对湿度要求80 %以上，土壤含水量30%~40%。对土壤要求不严格，弱酸和微碱性土壤均可种植。

用途 可作蔬菜和茶饮，富含绞股蓝皂苷、

膳食纤维，营养丰富。也可药用，号称"南方人参"，具有人参的药效。主治肝炎、肾盂肾炎、慢性支气管炎、胃肠炎，并用于多种癌症的抗癌临床治疗，对肺癌、子宫癌、肝癌等细胞的增殖有抑制作用。同时有抗衰老作用，可增强机体免疫功能，降低血脂血糖。园林中是良好的垂直绿化植物。

繁殖栽培技术 采用播种繁殖和扦插繁殖。

播种： 于春季进行。播种前在50℃温水中浸种12 h，播种时控制地温在10℃以上。条播适宜行距为50~60 cm，覆土2 cm，播种量为30 kg/hm²；穴播适宜行距为50 cm，每穴播种5~6粒，播种量为15~22.5 kg/hm²，覆土宜浅，并覆盖地膜或草帘，保持土壤湿润，出苗后，除去覆盖物。苗长至10 cm左右，即可间苗、定苗。条播间苗后，株距保持在30~40 cm。穴播，每穴留苗2~3株。

扦插： 于春季清晨或傍晚进行。采集带有叶、芽的新生枝条，插于沙床即可，生根快，成活率高。

定植： 选择郁闭度小于0.7，pH在5.5~7.5的地块，按株行距30 cm×40 cm定植，种植密度为3000~4000株/hm²，选择阴天或傍晚进行。定植前施过磷酸钙150~225 kg/hm²、硝酸铵450 kg/hm²，有条件的还可施用有机肥37500~45000 kg/hm²。定植时，苗株要多带土，栽培深度一般为5 cm，栽后早晚浇透水，遇大雨及时排水。易受到杂草危害，在封行前进行2~3次中耕锄草，做到除早、除小、除尽；封行后每次采收茎叶前除草。

日常管理 喜水嗜肥，并以采收茎叶为目的，施肥时以氮磷钾肥为主。施足基肥，移栽1周后进行第1次追肥，有条件的可沟施或穴施稀薄有机肥1000 kg/hm²；生长盛期追施氮磷钾三元复合肥1~2次，每次10~15 kg/hm²；采收后追施硫酸钾型复合肥10 kg/hm²。喜湿，不耐干旱，多雨季节应及时排水。

病虫害防治 主要病害为花叶病、白粉病、白绢病、叶斑病，可分别用50%多菌灵、甲基托布津、三唑酮防治。主要虫害有三星黄萤叶甲、蜗牛、蛴螬、小地老虎等。可用灭虫灯诱杀、高效氯氟氰菊酯防治三星黄萤叶甲，人工捕捉蜗牛，夜间点灯诱杀蛴螬，糖醋液诱杀小地老虎，人工摘除害虫卵块和捕杀害虫。也可在移栽定植前做好土壤消毒防虫的处理工作，冬春铲除杂草，中耕时翻土消灭越冬虫卵。

采收与留种 嫩梢长至50 cm即可采收，采收长度为20~25 cm，采收后除去杂质，1年可采收多次；鲜叶要轻放、轻翻，防止机械损伤鲜茎叶。

4~12月采集成熟的果实，干后去皮，放在阴凉干燥通风处保存，以备翌年3月底到4月初播种。

29. 番木瓜

别名： 木瓜、乳瓜、万寿果
Carica papaya L.
番木瓜科，番木瓜属

形态特征 常绿软木质小乔木，高达 8~10 m，具乳汁。具螺旋状排列的托叶痕。叶大，聚生于茎顶端，近盾形，直径可达 60 cm，通常 5~9 深裂，每裂片再为羽状分裂。花单性或两性。雄花排列成圆锥花序，长达 1 m，下垂，花无梗。花冠乳黄色，冠管细管状，长 1.6~2.5 cm，裂片 5，披针形。萼片基部连合。雌花单生或由数朵排列成伞房花序生于叶腋内，花冠裂片 5，分离，乳黄色或黄白色，长圆形或披针形。萼片 5，中部以下合生。浆果肉质，成熟时橙黄色或黄色，橄榄球形，长 10~30 cm 或更长。种子多数，卵球形，熟时黑色。花果期全年。

分布 中国广东、海南、广西、云南、福建、台湾。原产美洲热带地区，现广植于世界热带地区。

生长习性 喜光，喜温暖湿润气候，不耐寒。适宜生长温度为 25~32 ℃，气温约 10 ℃时即影响其生长，5 ℃幼嫩器官开始出现冻害，0 ℃叶片枯萎，温度过高对生长发育也不利。喜土层深厚、肥沃、排水良好的酸性至中性土壤。

用途 果实是岭南四大名果之一，素有"岭南果王"的称号，生吃、熟食均可。也可入药，治胃痛、痢疾、二便不畅、风痹、烂脚。株形优美，为园林中重要的观赏花木，可孤

植、对植、丛植或与其他花木相配植，也可矮化盆栽。

繁殖栽培技术 采用播种、扦插或压条繁殖。

播种：春秋季进行。新鲜种子播种前，需将种子外衣去除，放入水中浸泡 4~5 天，期间每日换水 1 次，5 天后，取出种子放入 60% 的细沙畦床内，2 周后即可发芽。干籽用水浸泡 1 天后即可播种。播种时按株行距 2 m×3 m 挖穴，穴深 6 cm，每穴播种 1~2 粒种子，覆细土 6 cm，浇透水。种植期间保持土壤湿润，约 40~50 天后出苗，苗高 30~60 cm 时进行定植。

扦插：春季进行，于植株未发芽前，剪取长 20~24 cm 的 2 年生枝条。扦插时，枝条保留 2~3 片叶，插条下部于生根液中快速浸蘸 5 s 后，呈 45° 角斜插入苗床中。湿度保持在 60%，30 天可生根，苗高 30~60 cm 时，可进行移栽定植。

压条：春秋两季进行。压条时，需先将靠近地面枝条的中部埋入土中，30~60 天后生根，翌年 2~3 月将生根枝条剪下进行定植。

定植：选择避风向阳的地块，定植前施足基肥，按株行距 2 m×4 m 定植，约 84 株 /hm²，选择阴天或雨后晴天进行。定植穴长、宽、深为 60 cm，定植时适当剪除老叶，埋土时注意，苗根颈应高于地面 8~10 cm，浇透定植水。

日常管理 生长期每半月施肥 1 次。有条件的可在秋季每棵植株施活性菌有机肥 100 kg，开花前每株施用氮肥 200 g，果实膨大期追施复合肥 2.5 kg。遇花期可浇透水 1 次，保证授粉坐果。夏季应及时预防积水，冬季应浇越冬水。定植后，第 1 年冬季短截主枝。第 2 年夏季新梢长至 10 cm 时抹除徒长芽、直立芽、竞争芽，长至 60 cm 时进行摘心。冬季剪除过密或重叠枝条。定植 3 年开始大量挂果，可通过摘心扩大树冠。春夏两季各进行两次中耕除草。

病虫害防治 主要病害为花腐病、褐斑病。防治花腐病时，需及时摘除感病的花叶果实并进行烧毁，冬季剪除病枝，发芽前喷洒 5 波美度石硫合剂，展叶后、花蕾期、盛花后各喷 1 次 0.4~0.5 波美度的石硫合剂。褐斑病可用 800 倍 70% 多菌灵可湿性粉剂或 800 倍 70% 甲基托布津可湿性粉剂进行防治。主要虫害为金龟子、大袋蛾，可分别用 50% 马拉硫磷 1500 倍液进行防治，90% 敌百虫诱杀。

采收与留种 7~8 月果实由青转黄时表示成熟，选择晴天进行采收，应避免果实着地受损。鲜果直接食用。药用需切片后，放入沸水中煮 5~10 min 或蒸 10 min 晾干。

选择优良群体和优良单株的优质果实进行采种，堆沤 4~6 天，使种子假种皮腐烂后洗净，漂去不实种子和未成熟种子，晾干备用。

30. 火龙果

别名：量天尺、龙骨花、霸王花、三角柱
Hylocereus undatus (Haworth) Britton & Rose
仙人掌科，量天尺属

形态特征 攀缘状肉质灌木，长 3~15 m，具气根。分枝多数，延伸，具 3 角或棱，边缘波状或圆齿状，深绿色至淡蓝绿色。老枝边缘常胼胝状，淡褐色，骨质。小窠沿棱排列，直径约 2 mm，每小窠具 1~3 根开展的硬刺。花漏斗状，美丽，长 25~30 cm，直径 15~25 cm，于夜间开放。萼状花被片黄绿色，线形至线状披针形，先端渐尖，全缘，通常反曲。瓣状花被片白色，长圆状倒披针形，长 12~15 cm，宽 4~5.5 cm，先端急尖，具 1 芒尖，全缘或啮蚀状，开展。浆果红色，长球形，长 7~12 cm，直径 5~10 cm，果脐小，果肉白色，也有红色、黄色。种子倒卵形，黑色。花果期 7~12 月。

分布 中国各地常见栽培，广东南部、海南、广西西南部、福建南部以及台湾逸为野生。分布中美洲至南美洲北部，世界各地广泛栽培，在夏威夷、澳大利亚东部逸为野生。

生长习性 喜光，需长时间光照，喜温暖潮湿环境。不耐低温，最适宜生长温度为 20~30 ℃，温度高于 38 ℃ 或低于 5 ℃ 时植株休眠，−2 ℃ 以下时发生冻害。以富含有机质、透气疏松、pH 为 6~7 的砂质土壤栽培最佳。

用途 花可作蔬菜，浆果可作水果和蔬菜，富含膳食纤维、蛋白质、维生素以及矿物质。果可药用，预防便秘，有利眼睛保健，增加骨质密度，预防贫血，抗神经炎，还具备解除重金属中毒、抗自由基、防老年病变、防大肠癌等功效；花可治疗燥热咳嗽、咳血、颈淋巴结核；茎可治腮腺炎、疝气、痈疮肿毒；果及茎的汁液对肿瘤生长、病毒及免疫反应抑制等病症可起到积极作用。

繁殖栽培技术 采用扦插或嫁接繁殖。

扦插：于夏季进行，选择生长饱满、无病害的茎节做插条，截成长约 15 cm 的小段，待伤口风干后插入沙床，半个月至一个月左右生根，根长约 3~4 cm 时即可进行苗床移植。

嫁接：所选砧木无病虫害，且生长健壮、茎肉饱满，于晴朗天气进行，将切至平面的火龙果果茎插入接穗，与形成层对接准确，并使用棉线进行固定。温度保持在 28~30 ℃

之间，约 4~5 天，接穗与砧木颜色相近时，即嫁接成功，之后可移进假植苗床继续培育。选择通风良好、向阳的地块做育苗床，每公顷施腐熟有机肥 1500~2000 kg，以及 100~150 kg 钙镁磷肥。小苗按株行距 3 cm 种于苗床，浇透水，并喷洒 1 次 500 倍多菌灵，每隔 10~15 天施 5~7 kg/hm² 复合肥，待第一节茎肉饱满的茎段长出后，即可出圃。

定植：按株行距 0.6 m× 2.5 m 定植，5~12 月进行，种植密度为 450 株/hm²。设置攀爬棚架。

日常管理 施肥以"薄肥勤施"为原则，氮磷钾肥比例需严格控制。火龙果根系分布较浅，为发挥肥料的最大功效，需将肥料施加于果树根系分布层内。火龙果开花需要人工授粉，才能结实，因此，在傍晚花开或清晨花未闭合前，用毛笔直接将花粉涂抹于雌花柱头上。开花结果期，注重钾肥与镁肥的施加量，保证糖分积累充足。幼苗生长期与果实膨大期应保持土壤潮湿。枝条长至 1.3~1.4 m 时进行摘心，每年采果后剪除已结果枝条。

病虫害防治 主要病害为茎腐病、灰霉病和炭疽病等，采用无病茎节繁殖并进行合理修剪可减少病害的发生，发病时可分别用 50% 的多菌灵 500 倍溶液、50% 甲基托布津 600 倍液、80% 代森锌 500 倍液喷雾进行防治。主要虫害为线虫、红蜘蛛、蚜虫等，可通过灯光与色彩诱杀害虫，并进行机械捕捉；线虫可用阿维菌素乳油配为 300~400 倍液点于火龙果植株的根部进行杀除；红蜘蛛应用 20% 三氯杀螨醇的 1500 倍液防治；蚜虫用 20% 烯啶虫胺水分散粒剂（刺袭）3000~4000 倍液防治。

采收与留种 7~12 月均可采收。每年可开花 10 次以上，花谢后 35~40 天，果实由绿色转红，果实微香、皮色鲜艳时即可采收。采收前 5 天应停止浇水，以利糖分积累。剪取果实时保留 1~2 cm 果柄。

选取优良植株上生长良好的无病害果实，除去果肉留下种子，洗净晒干后，贮藏留用。

31. 仙人掌

别名：霸王树、火掌、牛舌头
Opuntia dillenii (Ker Gawl.) Haw.
仙人掌科，仙人掌属

形态特征 丛生肉质灌木，高 1.5~3 m。上部分枝宽倒卵形、倒卵状椭圆形或近圆形，长 10~40 cm，宽 7.5~25 cm，厚达 1.2~2 cm。先端圆形，边缘通常不规则波状，绿色至蓝绿色，小窠疏生，直径 0.2~0.9 cm。密生短绵毛和倒刺刚毛。叶小，钻形，绿色，早落，时常见不到。花托倒卵形，绿色，疏生凸出的小窠。萼状花被片宽倒卵形至狭倒卵形，先端急尖或圆形，黄色，具绿色中肋。瓣状花被片倒卵形或匙状倒卵形，边缘全缘或浅啮蚀状。花丝、花柱淡黄色。花药黄色。柱头 5，黄白色。浆果倒卵球形，平滑无毛，紫红色，每侧具 5~10 个凸起的小窠。种子多数，扁圆形，淡黄褐色。花期 6~12 月。

分布 原产美国佛罗里达、西印度群岛、墨西哥及南美热带地区。现热带亚热带地区均有分布。

生长习性 喜阳光充足，耐干旱，忌积涝。适宜生长温度为 20~35 ℃，空气相对湿度为 60%~70%。对土质要求不严，在砂土或砂质壤土中都能生长。

用途 肉质茎和成熟果可供食用，营养丰富。也可药用，降血脂、血压、胆固醇，有助于抗癌、减肥、清热消毒、杀菌，可用于治疗心胃气痛、痢疾、咳嗽、乳痈、疔疮、蛇伤等病。形态奇特，具较高的观赏价值，宜植于花坛中央、庭园等处。

繁殖栽培技术 采用播种或扦插繁殖。

播种：于3~4月进行。播前用1％福尔马林或2.5％硫酸铜水溶液浸种15 min进行种子消毒，清洗晾晒后即可播种。盆播时，栽培土应混合粗沙，便于排水。播种后不必覆土。

扦插：于夏季进行。将较老而坚实的茎片用消毒的利刃切下，切口处涂少量硫黄粉或木炭粉，晾晒直至切口干燥后插入细粉沙床，保持较高的空气湿度，20~25天后生根。春秋生长旺季，维持较大昼夜温差，并给小苗补充适量光照。夏季需加强通风，避免温度过高。因幼苗期不休眠，故冬季应将小苗放于10 ℃以上的室内，并保持土壤水分的半干半湿状态。

定植：选择背风向阳、排水保水性好、呈酸性或碱性的地块，按株距30 cm定植，种植时将茎片的2/5埋入土为佳，栽苗或茎片密度约为1600~1700株/hm^2。栽后浇一次透水，土壤不可长时间过湿和积水。

日常管理 有条件的可撒腐熟有机肥4500~5000 kg/hm^2，生长期每月追施1~2次有机肥，或每季度中期于株行距间撒施复合肥料，施肥应避开冬季进行。追肥后及时浇水，扦插生根后逐渐加大浇水量。夏季于清晨或傍晚浇水，冬季浇水遵循"不干不浇，浇则浇透"的原则。

病虫害防治 主要的病害有软腐病、炭疽病、茎腐病，可通过减少连作、适时通风排水、保持植株基部干燥来减少软腐病的发生。在发病初期向植株基部喷洒1∶1∶100的波尔多液进行防治；炭疽病发病初期，应及时将病斑点挖除，然后涂上硫酸粉和木炭粉，晒干或吹干伤口，并可选用炭疽福美可湿性粉剂800倍液进行防治；可适当浇水并多施钾肥来减少茎腐病的发生，并可喷施50％代森铵水溶液800倍溶液进行防治。主要的虫害有红蜘蛛、蚜虫、介壳虫、蜗牛，可分别用三氯杀螨醇1000倍溶液、50％抗蚜威可湿性粉剂0.03％溶液、50％速灭松0.1％溶液、8％灭蜗灵颗粒剂进行防治。

采收与留种 菜用，茎片须在抽梢后45天内采摘，采收过晚则太酸，过早则影响产量。种植初年，鲜嫩可食茎片产量总额为2000~3000 kg/hm^2，盛产年可达4000~5000 kg/hm^2，可连续采收多年。

取出成熟果实的种子，洗出晾干后装入纸袋，放于干燥、冷凉处贮藏，种子后熟期过后即可备用。

32. 水翁

别名：水榕、水蓊

Cleistocalyx operculatus (Roxb.) Merr. & L. M. Perry

桃金娘科，水翁属

形态特征 乔木，高 15 m。树皮灰褐色，颇厚，树干多分枝。嫩枝压扁，有沟。叶片薄革质，长圆形至椭圆形，长 11~17 cm，宽 4.5~7 cm，先端急尖或渐尖，基部阔楔形或略圆，两面多透明腺点。侧脉 9~13 对，以 45°~65° 开角斜向上，网脉明显。叶柄长 1~2 cm。圆锥花序生于无叶的老枝上，长 6~12 cm。花无梗，2~3 朵簇生。花蕾卵形，萼管半球形，先端有短喙。浆果卵圆形，长 10~12 mm，直径 10~14 mm，成熟时由绿色转为紫黑色。花期 5~6 月。

分布 中国广东、广西、云南。中南半岛、印度尼西亚和大洋洲地区也有分布。

生长习性 喜光，生长需充足的光线。喜高温多湿气候，不耐寒，不耐干旱，喜肥，适合生长的温度 22~30 ℃。喜生于水边，为固堤树种之一。一般土壤皆可生长，具有一定抗污染能力。

用途 花可煲汤、泡茶、煮粥，也是很好的蜜源植物，果可食用，味道甜美。花蕾用于感冒发热、细菌性痢疾、急性胃肠炎、消化不良等；根可治疗黄疸型肝炎；树皮外用治烧伤、麻风、皮肤瘙痒、脚癣等；叶外用治急性乳腺炎。树冠开阔，树姿优美，叶色浓绿，适作园林风景树和行道树。

繁殖栽培技术 采用播种繁殖。

播种：于春季 3 月下旬或 4 月中旬进行。播种前按行距 30 cm，开深约 3 cm 的沟，播

入种子后覆土压实、浇水，之后保持土壤湿润。

定植： 当苗高约 50 cm，选择排水良好的地块，按行株距 4 m×4 m 定植。因水翁主根深、须根少，移栽时需小心，切勿伤及根部。要求附近水源为高硬度、低硝酸盐水质。

日常管理 水翁枝叶茂盛，需吸收大量养分，栽培时应施用足量的底肥和液肥。每年早春适当进行修剪整形。

病虫害防治 具有很强的抗病虫害能力。主要虫害为木虱，可喷施 25% 噻虫嗪水分散粒剂 3000 倍液或 70% 吡虫啉可湿性粉剂 8000 倍进行防治。

采收与留种 植株生长一定时间后可采摘叶片，5、6 月采摘花蕾，秋季果实成熟时即可采收。

秋季采下优良植株的成熟果实，去皮取种后洗净，晾干备用。来年春播用种可在采收后与种子 3 倍的湿沙拌匀，沙藏积层处理直至播种。

33. 红果仔

别名：巴西红果、番樱桃、蒲红果
Eugenia uniflora L.
桃金娘科，番樱桃属

形态特征 灌木或小乔木，高可达 5 m，全株无毛。叶对生，纸质，卵形至卵状披针形，成熟叶长 3.2~4.2 cm，宽 2.3~3 cm，先端渐尖或短尖，钝头，基部圆形或微心形。叶面绿色发亮，叶背颜色较浅，两面无毛，有无数透明腺点。侧脉每边约 5 条，稍明显。嫩叶红色。聚伞花序具细长的总花梗。花白色，有香味，单生或数朵聚生于叶腋，短于叶。萼片 4，长椭圆形，外反。浆果球形，直径 1~2 cm，有 8 棱，像小南瓜，熟时深红色，有种子 1~2 颗。花期春季。

分布 原产巴西。我国南方多有栽培。

生长习性 喜光，喜温暖湿润气候。不耐干旱和瘠薄，耐修剪，抗大气污染，适宜生长温度约为 23~30 ℃，5 ℃以上即可安全过冬。对土质选择不严，但喜肥沃、湿润和排水良好的土壤。

用途 果可食用，富含维生素和氨基酸，所含各种糖分高达 70 %。也可药用，帮助消化，健脾养胃，止痛活血，降低血糖，改善大脑疲惫与失眠。由夏季至秋季花果不断，同一植株上既有花，又有绿色、黄色、橙红色至红色的浆果，为良好的观果植物，园林绿化常用树种。

繁殖栽培技术 采用播种或分株繁殖。

播种： 于春秋两季进行。种子繁殖力强，可随采随播。将种子播于疏松土中，不可埋土过深。保持土壤湿润，约 3 周即可发芽。约经 1 年，苗高 15 cm 以上时进行移植。

分株： 选择长于母株根际的幼株进行种植，深入挖掘可避免损伤根部，提高移植成活率。

定植： 选择排水、通风良好的地块，按适宜的株行距定植。幼苗带土球种植，定植后浇透水。

日常管理 不喜浓肥，应淡肥勤施，可每 10~15 天施 1 次肥。幼树或抽梢期以施用氮肥为主，其他时期施用以磷钾肥为主的复合肥。8 月为花芽分化期，此时需增施磷钾肥。生长期勤浇水，保持土壤湿润、排水顺畅，可经常向植株及周围环境喷水，以增加空气湿度。花芽分化期适当节水，以促进花芽分化。生长期间需阳光充足、空气流通，摘除无用芽，并适时进行摘心；当生长的果实数量达标后，应剪除剩会花蕾和小果、弱果、过密果。夏季高温时，应适时进行遮光处理，防止烈日曝晒。

病虫害防治 主要病害为炭疽病、煤烟病，可分别用 75% 百菌清 1000 倍液、速扑杀 800~1000 倍液进行防治。主要虫害为蚜虫、介壳虫，可分别用 10% 吡虫啉 2000~2500 倍液、40% 速扑杀乳油 800~1000 倍液进行防治。

采收与留种 果实转为深红色时成熟，即可采收。

选取优良植株的健康果实，待成熟后采收，将种子取出洗净，晾干后备用。

34. 嘉宝果

别名：珍宝果、树葡萄、小硕果
Plinia cauliflora (Mart.) Kausel
桃金娘科，树番樱属

形态特征 常绿灌木，树高 4~15 m，枝梢分枝和成枝能力较强，树姿为开张式，树冠呈自然圆头形。树皮细薄，灰白色、浅褐色至微红色，具有缓慢脱落特性。叶对生，革质，有茸毛，深绿色有光泽。叶片披针形或椭圆形，叶柄短。花簇生于主干和主枝上，有时也长在新枝上。花小，白色，清香。果实球形，直径 1.5~4 cm，果从青色变红色再变紫色，最后成紫黑色。具 1~4 颗种子，果皮外表结实光滑。在原产地嘉宝果一年可多次开花结果，最多可达 6 次，平均每 2 个月就有果产出，在同一株树上果中有花，花中有果。

分布 中国广东、广西、福建、台湾、江苏、浙江、湖北、四川和云南等地有栽培。原产于南美洲的巴西、玻利维亚、巴拉圭和阿根廷东部地区。

生长习性 偏阳生植物，喜全天光照或者少量绿阴，具有较强的耐短期干旱特性。喜温暖湿润气候，适宜温度 22~35 ℃，具有一定的耐低温特性。不耐盐碱和水涝，适宜在微酸性和排水性良好的土壤中生长。

用途 果实含人体所需的多种元素，营养价值高。女性食用，对皮肤也会有美容疗效。也可制成果汁、果酱、果酒等营养保健品。叶、果实、果皮均可入药，提取物可用于治疗癌症、糖尿病、高血压等多种疾病。同时花果相依，有极佳的观赏效果。

繁殖栽培技术 多采用播种繁殖，亦可嫁接和扦插。

播种：新鲜的种子易于出芽，可人工将果皮撕开，几天后果肉腐烂发酵，清水冲洗果肉后即可播种。一般条件下，种子可保存约 2 个月，取出后仍能出芽。温度对发芽影响较为关键，一般播后 20~40 天发芽。低温条件下，出芽缓慢，适当升高温度有利于种子的萌发。

嫁接：嘉宝果的实生苗需生长 5~10 年才会慢慢结出果实，通过嫁接，约 3 年成株长大。一般在秋冬季节进行切接或靠接。嫁接时，砧木选用第 2 年生的苗木，在结出果实的母树上剪取 1 年生枝条作为接穗。

扦插：时间宜在 5 月，半硬枝作插条，保证有 2 节 4 片叶。剪好的插条速浸在 NAA 2000 ppm 中，基质选泥炭土。或是采用长

10 cm 的插条,需带 3~4 对成熟叶,插条基部纵切 4 条后加吲哚丁酸 1000 ppm 处理,基质为 1:1 的砂混合泥炭土。

定植:选择排水良好的地块,按株行距 3 m × 3 m 定植。定植可在 3 月上旬进行。定植前挖好长、宽各 0.6 m,深 0.5 m 的定植穴,穴最上层可加入钙镁磷肥 1~1.5 kg,定植墩高出地面 30~40 cm。定植时可覆盖黑色地膜,以此减少养分的淋失和土壤板结。

日常管理 有条件的可在幼苗期多施有机肥,辅以适量速效复合肥,氮、磷、钾的比例约为 1:2:1,少量多次施用,可每隔 15~30 天施一次薄肥。成年结果植株每年施 3 次肥。第 1 次在 3 月初春梢萌发前,每株施氮磷钾肥 1~1.5 kg,尿素 0.5 kg。第 2 次在 4 月底施壮果肥。第 3 次在 10 月中施果后肥。在采果 1 个月前不施肥或进行最后 1 次土壤施肥和叶面追肥。嘉宝果喜湿润环境,确保种植过程中土质软绵润湿,遇内涝时,需及时排水,以免根部积水。

病虫害防治 嘉宝果在国内种植栽培出现的病虫害极少,管理上很少使用农药。但是在成熟结果期容易出现鸟类灾害,有效防治措施为:在树体外圈建立防护网,防止鸟类触及,同时也可以在果实成熟期进行套袋处理。偶发生毒蛾类幼虫危害叶片,可采用 20% 杀灭菊酯 2000 倍液喷施。

采收与留种 当果实颜色变为紫黑色时可采收食用。采摘时避免对果皮造成损伤,晴天采收。

留种则将果实在室温条件下放置 2~3 天,使其发酵腐烂。取出种子后洗净晾干,在 5~8℃ 的低温环境下贮藏。

35. 番石榴

别名：芭乐、鸡矢果、拔仔

Psidium guajava L.

桃金娘科，番石榴属

形态特征 乔木，高达 13 m。树皮平滑，灰色，片状剥落。嫩枝有棱，被毛。叶片革质，长圆形至椭圆形，长 6~12 cm，宽 3.5~6 cm。叶面稍粗糙，叶背有毛。侧脉 12~15 对，常下陷，网脉明显。花单生或 2~3 朵排成聚伞花序。花瓣长 1~1.4 cm，白色。萼管钟形，有毛，萼帽近圆形，不规则裂开。浆果球形、卵圆形或梨形，长 3~8 cm，顶端有宿存萼片，果肉白色至黄色。种子多数。花期 3~4 月和 7~9 月，果期 6~8 月和 12 月至翌年 1 月。

分布 中国华南各地有栽培。原产美洲热带。

生长习性 喜光，喜高温，耐干旱。15 ℃时开始营养生长，最适生长温度为 28 ℃，-1 ℃以下幼龄树易冻死，果实成熟期气温低于 15 ℃会导致果实品质下降。阳光充足利于生长结果。年降水量 1000 mm 以上地区栽培可丰产。对土壤要求不严，土壤 pH 4.5~8.0 均能种植。

用途 果为优良水果，富含蛋白质、维生素 C、膳食纤维、胡萝卜素及微量元素钙、磷、铁、钾等。也可药用，收敛止泻，止血，用于泄泻、痢疾、小儿消化不良。鲜叶外用于跌打损伤、外伤出血、脓疮久不收口。花期长，适应性强，可作园景树。

繁殖栽培技术 采用播种、扦插、圈枝和嫁接繁殖，也可以用分株法繁殖。

播种：宜于春、夏两季进行。番石榴种子外壳坚硬、不易吸水，播前用 0.1%~0.3% 的

赤霉素浸种12 h，利于种子发芽生长。待种胚外露时即可播种。

苗床直播： 苗床覆细土或沙后均匀撒播，再覆盖厚约0.2 cm细土，盖草浇透水，之后根据情况每天浇1~2次水。或直接沙床播种，播后30~40天发芽，长有2~3对真叶时移植于营养袋或苗床中，之后保持土壤湿润，苗高约10 cm时开始每月施肥1次，苗高40 cm以上即可进行嫁接或定植。

扦插： 剪取长15 cm、茎粗1.2~1.5 cm的2~3年生枝，于2~4月扦插。用0.2%吲哚丁酸+2%蔗糖处理插穗基部，促进发根。

圈枝： 选取直径为1.2~1.5 cm的2~3年生枝条，距枝梢顶端40~60 cm处环剥2~3 cm，包上生根介质。2个月后，新根生长密集时，将枝条锯离母株，然后假植，待新梢长出并转绿后进行种植。

嫁接： 选取粗壮本砧和直径达0.7 cm的苗木进行嫁接，采取芽接或枝接法，于冬春季进行为佳。采集刚脱皮的枝条作为接穗，采前10~15天时摘去叶片，将新萌发嫩芽剪下，芽接1个月后解绑，接芽愈合成活后剪砧，以促进接穗萌发生长，1年后可出圃定植。

定植： 按株行距6 m×4 m或5 m×5 m定植，挖宽深各80 cm的定植穴。栽植后树盘盖草并浇透定根水，可适当剪去生长过密叶片以降低水分消耗，并立支柱，防止嫩枝折断。

日常管理 每季施肥1次，有条件时于早春施用1次有机肥。注意追肥，施用壮花肥、保果肥、壮果肥，新梢转绿期、花蕾期、幼果发育期时施用叶面肥。开花结果量多时，应进行疏花疏果并摘心。雨季注意排水，旱季注意浇水，冬季可进行深沟蓄浅水。种植头两年摘顶，以矮化与扩大树冠。苗高55~65 cm时摘顶，促进分枝生长，保留3~5条分枝，使植株生长均匀。此后新梢每长至30~35 cm时摘顶，将树冠矮化。

病虫害防治 主要病害为炭疽病，可用50%代森铵水剂1000倍液或75%百菌清可湿性粉剂800倍液进行防治。主要虫害有蚜虫、天牛、木蠹蛾和介壳虫，可用90%晶体敌百虫800~1000倍液进行防治。此外还有鸟类啄食成熟果实，可对果实进行套袋以减少病虫害以及鸟类危害。

采收与留种 6~8月和12月至翌年1月均可采收。果实散发果香、果皮呈现绿黄色至黄色时即为成熟，适时采收。夏季套袋后65天即可成熟，冬季套袋后约85天成熟。番石榴果皮薄嫩，采收和储藏运输过程中需保留原有的泡沫网和套袋。

采收品种优良、丰产优质母株上的完熟果实，让其腐烂后取出种子，洗净并去除不实粒，晾干备用或即采即播。

36. 桃金娘

别名： 岗菍、山菍、哆尼
Rhodomyrtus tomentosa (Aiton) Hassk.
桃金娘科，桃金娘属

形态特征 灌木，高 1~2 m。嫩枝有灰白色柔毛。叶对生，革质，椭圆形或倒卵形，长 3~8 cm，宽 1~4 cm，先端圆或钝，基部阔楔形。离基三出脉，直达先端并结合，侧脉每边 7~8，叶脉在叶背明显凸起。花单生叶腋，或 3~5 朵组成聚伞花序。有长梗，紫红色。花瓣 5，倒卵形，雄蕊红色。萼筒倒卵形，萼齿 5，宿存。浆果卵状壶形，熟时紫黑色。花期 4~5 月，果期 7~8 月。

分布 中国广东、广西、福建、台湾、云南、贵州及湖南最南部。分布于中南半岛、菲律宾、日本、印度、斯里兰卡、马来西亚及印度尼西亚等地。

生长习性 春、秋、冬三季可以给予充足的阳光，但夏季需遮阴 50% 以上。喜高温高湿的气候条件，生长适温 10~38 ℃，空气相对湿度需达到 70%~80%。喜酸性土壤，耐瘠薄。

用途 成熟果可食，未成熟果实吃后会有便秘问题，可吃前喝盐水预防。果亦可酿酒，制成果脯、果汁。全株均可药用，有活血通络、收敛止泻、补虚止血的功效。可用于园林绿化。

繁殖栽培技术 采用播种、扦插繁殖。
播种： 7 月底适宜播种，种子即采即播。选

择当年采收、籽粒饱满、没有残缺或畸形、没有病虫害的种子。基质为 1 : 1 的泥炭土和河沙,采用撒播的方式。播种前用 60 ℃ 的温水浸种 24 h,播后盖薄的泥炭土,最后覆盖透光度为 70 % 的遮阴网。每天浇透水 2 次,早晚各 1 次。当雨天来临时,需将遮阴网换成薄膜覆盖,保证两头和两边透气。大多数的种子出齐后,需要适当地间苗,将有病、生长不健康的幼苗拔掉。当大部分的幼苗长出 3 片或 3 片以上的叶子后即可移栽。

扦插: 春末至早秋进行,将砂壤黄土作为扦插基质。扦插前 1 天,用浓度为 0.3 % 的高锰酸钾溶液对土壤进行消毒。选生长健壮、无病虫害的 1 年生枝条作插条,采后需立刻带回阴凉处剪枝。枝条 5~15 cm 长,需带 2~3 个茎节,基部的叶片剪去,保留上端叶片。在插条上切口平剪,需离腋芽 1 cm,下切口斜剪,需离腋芽 0.5 cm。将插条用多菌灵粉剂配成 800 倍液后浸泡插条基部 10 min。萘乙酸 100 mg/L+吲哚丁酸 100 mg/L 为植物生长调节剂,浸泡插条基部 1 h 后进行扦插。扦插时,可先在基质中打孔,然后将插条的一半放入,轻轻压实,之后浇透定根水,同时加盖一层遮阴度为 80 % 的网进行遮阴。

定植: 选择向阳且略呈酸性的坡地,按株行距 30 cm×50 cm 定植。定植前清理种植地并进行消毒。

日常管理 当苗高超过 2 cm 时,每隔 1 周喷一次液体肥、生长素和水的混合液,比例为 1 : 1 : 10000。在幼苗高 5~10 cm 期间,每隔 7 天喷 1 次液体肥、生长素和水的混合液,比例为 2 : 2 : 10000。高度超过 10 cm 时,可适量施复合肥。定植后在春、夏两季根据干旱情况,施肥 2~4 次。首先在根颈部以外 30~100 cm 开一圈小沟,沟宽深均为 20cm。沟内撒 1~5 颗复合肥,之后浇透水。入冬到开春以前,照上述方法再施肥一次,不需浇水。

病虫害防治 管护简单,抗病虫性强。4~6 月多为染病期,在土壤较贫瘠、水分供给不足的地方有锈菌感染,出现生长不良的情况。可定期喷洒 1.25 g/L 多菌灵溶液进行防治,在感病期间应及时摘除病叶,之后喷洒 50 % 的代森胺 10 g/L 溶液或者 50 % 的退菌特 1 g/L 溶液。

采收与留种 初秋待果实充分成熟后采收。

留种则选择壮实饱满、无病害的果实留种。采摘后,闷沤 2~3 天,等果子软化后抓烂捏碎,水洗去渣,提取籽粒,晾干备用。

37. 肖蒲桃

别名： 荔枝母、火炭木
Syzygium acuminatissimum (Blume) DC.
桃金娘科，蒲桃属

形态特征 乔木，高20 m。嫩枝圆形或有钝棱。叶片革质，卵状披针形或狭披针形。长5~12 cm，宽1~3.5 cm，先端尾状渐尖，尾长2 cm，基部阔楔形。叶面干后暗色，多油腺点。侧脉多而密，彼此相隔3 mm，以65°~70°开角缓斜向上，在叶面不明显，在叶背能见。聚伞花序排成圆锥花序，长3~6 cm，顶生，花序轴有棱。花3朵聚生，有短柄。花瓣小，长1 mm，白色。花蕾倒卵形，上部圆，下部楔形。萼管倒圆锥形，萼齿不明显，萼管上缘向内弯。浆果球形，直径1.5 cm，成熟时黑紫色。种子1个。花期7~10月。

分布 中国广东、广西等地区。中南半岛、马来西亚、印度、印度尼西亚及菲律宾等地也有分布。

生长习性 喜光，喜高温、高湿环境。生长适温约为23~32 ℃，可耐0 ℃的极端低温及轻霜。在肥力中等、排水良好的酸性壤土或砂壤土中生长良好。

用途 果可食用，酸甜可口。也可药用，用于杀菌消炎，其植物精油针对关节炎、风湿痛、咳嗽、伤寒具有特殊功效。幼叶红褐色，成年植株枝叶软垂，姿态优雅，适宜作为风景林。

繁殖栽培技术 采用播种繁殖。

播种：宜春季进行。因种子属于忌干性种子，不耐贮藏，最好随采随播。做条距 10 cm、条沟深 3 cm，条沟每隔 1 m 播种 30~40 粒种子，覆土 1 cm，注意遮阳，每天浇水 1 次，约 15 天开始发芽，可持续发芽 1 周。幼苗长出 2 对真叶时即可进行分床或移入营养杯中培育。分床株行距为 20 cm×25 cm，半年生苗高可达 40~50 cm。

定植：选择排水、光照良好的地块，按株行距 2 m×3 m 或 3 m×3 m 定植。幼树采用容器栽培，成年树移植需先做断根处理。

日常管理 造林后当年雨季末期要结合松土，每穴施复合肥 100 g，年中施肥 2~3 次。春至夏季为生长旺盛期，不可干旱缺水，春季进行整枝修剪。

病虫害防治 大树抗病虫害能力较强，极少发现较严重的病虫害。在苗期常被卷叶虫危害幼枝及嫩叶，可用 90% 敌百虫 1500~2000 倍液喷洒。

采收与留种 果实于 12 月开始成熟，成熟期可持续 1~2 个月，果实由青色渐变为褐黄色至黑色，即可收集。

果实采后应及时洗去果肉，放在室内通风处摊开阴干，并经常翻动，以免腐烂，干燥后备用。

38. 蒲桃

别名：香果、风鼓、铃铛果
Syzygium jambos (L.) Alston
桃金娘科，蒲桃属

形态特征 常绿乔木，高 10 m。主干极短，广分枝。单叶对生，革质，叶面多油腺点。披针形或长圆形，全缘，长 12~25 cm，宽 3~4.5 cm，先端渐尖，基部阔楔形。侧脉在叶背明显凸起，网脉明显。叶柄短。聚伞花序顶生，花数朵，白色，直径 3~4 cm。萼齿 4，半圆形，花瓣分离，阔卵形，雄蕊多数。果球形，果皮肉质，直径 3~5 cm，成熟时黄色，有油腺点。花期 3~4 月，果期 5~6 月。

分布 中国广东、海南、广西、福建、台湾、贵州、云南等地有栽培，华南地区常见野生，也有栽培供食用。原产东南亚地区。

生长习性 喜光，喜高温多湿气候，抗风力强，喜水湿，不耐干旱和瘠薄。在肥沃、疏松和湿润的微酸性砂质壤土中生长良好。

用途 果可鲜食也可制成果膏、蜜饯或果酱，果汁发酵后可酿成高级饮料。根、皮、果可入药，主治腹泻，痢疾，外用治刀伤出血。可作庭院绿化树种。

繁殖栽培技术 采用播种、扦插或嫁接繁殖。

播种：种子采收后，宜马上播种。播种前整地，打碎土块，清除草根等杂物，之后用约 1 kg/m² 的过磷酸钙，有条件的可同时施用 0.3~0.5 kg/m² 的腐熟有机肥。同时可用 500 倍的高锰酸钾溶液对土壤进行消毒。插种前浸种 6~8 h，均匀撒播在床面后，用河沙或泥炭土覆盖，轻微压实，盖稻草，浇透水，条件允许时可覆盖密度为 70 % 的遮阳网。苗高约 30 cm 时撤去遮阳网。

扦插：将插穗的 2/3 斜埋于消毒后的插床内，压实后浇透水。扦插 2~3 个月后应及时进行根外追肥，选用 0.3 % 尿素 +0.2 % 磷酸二氢钾。2 个月后再进行 1 次追肥。当插穗抽发的梢长 30 cm、粗 0.8 cm 以上，充分老熟后可出圃。

嫁接：全年可进行，4~11 月较适宜，常用切接法。选择果大质优、品种纯正的母本树，剪取生长充实、已木质化的 1 年生枝作接穗，采后去叶，保湿备接。接穗的削面一长一短，削面平滑。剪除砧木距离地面 20~30 cm 以上的部分，选择砧皮较厚、光滑、纹理顺的部位作砧木切面。嫁接后勤浇水，期间应避免触碰接口。经 3~4 周成活后即可发芽，此时注意挑芽，方便接芽的抽出和生长。随时摘除砧木上所发的芽，并进行适当追肥和防

治病虫。当接穗长出的第二次梢老熟后，嫁接口以上高 50 cm 处粗 1 cm 时便可出圃。

定植：选择阳光充足且背风的地块，按株行距 20 cm×25 cm 定植。定植适宜在开春后的阴天进行。挖长宽各 1 m、深 0.5 m 的定植穴，幼苗放入定植穴后适当深植。定植后立即浇透定根水。

日常管理　施肥保持勤施薄施，以环保型复合肥和叶面肥为主。一般出苗 1~2 个月后进行施肥，平均每月施水肥 2 次，施肥浓度以 0.3%~0.5% 为宜，多在傍晚进行，施肥第 2 天早上结合浇水用清水浇苗。幼苗期每株幼苗追施尿素或磷酸二胺 0.1 kg，如果出现徒长现象，可在叶面喷施 500 倍的矮壮素。栽后 3~4 年，采用沟施法追肥，每株幼树施复合肥 0.1~0.2 kg。若降雨不多，则可在出苗前 10~15 天后浇 1 次水。开花后保持土壤湿润，若天旱应经常浇水。在始花期、盛花期、开花期之后 1 周内各浇 1 次水，采摘前 5 天即停止浇水。

病虫害防治　常见有煤烟病、炭疽病、果腐病、藻斑病和东方果实蝇等，因蒲桃结果期长、果皮薄，不适合使用剧毒、吸收或长效农药。防治首选物理防治和生物防治。如加强肥水管理；及时修剪病枝、徒长枝，使果树通风良好；保持种植地清洁等方式。

采收与留种　夏季果实成熟时可采收。

留种时需选择树龄 15 年以上、长势旺盛、无病虫害的植株。采摘果实后堆沤搅拌，等果肉软熟后浸水进行搓洗，洗去果皮、果肉，同时剔除不饱满种子。洗净后用 0.3 % 高锰酸钾溶液对种子消毒，清水洗净后晾干，切勿曝晒。

39. 莲雾

别名： 洋蒲桃、紫蒲桃、水石榴
Syzygium samarangense (Blume) Merr.et Perry
桃金娘科，蒲桃属

形态特征 乔木，高 12 m。叶对生，叶柄极短或近于无柄。叶片薄革质，椭圆形至长圆形，长 10~22 cm，宽 6~8 cm。叶面干后变黄褐色，叶背多细小腺点。侧脉 14~19 对，以 45°开角斜行向上，离边缘 5 mm 处互相结合成边脉，另在靠近边脉 1.5 mm 处有 1 条附加边脉，网脉明显。聚伞花序顶生或腋生，长 5~6 cm，有花数朵，花白色。萼管倒圆锥形，萼齿半圆形。果实梨形或圆锥形，肉质，洋红色，发亮，长 4~5 cm，先端凹陷，有宿存的肉质萼片。种子为 1 颗。花期 5~6 月，果熟期 7~8 月。

分布 中国广东、海南、广西、福建、台湾等地均有引种栽培。原产马来半岛。

生长习性 植株喜阳光充足，果实忌强光。喜温怕热，最适生长温度为 25~30 ℃。忌积水，怕干旱，需水量较大。对土壤条件要求不严，可适应多种土壤类型，但以土层深厚、富含有机质、底土含石灰质的微酸性或碱性砂壤土为佳。

用途 果可食用，富含蛋白质、脂肪、碳水化合物及钙、磷、钾等矿物质。也可药用，清热利尿，安神，对咳嗽、哮喘也有效果。果熟时淡红色或粉红色，光亮如蜡，可作庭院绿化观赏。

繁殖栽培技术 采用扦插或嫁接繁殖。

扦插： 在春梢未萌发前进行，选择生长良好的 1 年生枝条为插穗，50 mg/kg 吲哚乙酸浸

泡10 s后扦插。扦插前需对栽培场地进行灭菌、杀虫，扦插后保持插壤含水量为饱和含水量的40%~50%。扦插后2~3天需喷800倍杀菌剂溶液，防止灰霉病和茎腐病的发生，以后每周杀菌一次，并及时清除病死腐烂的插穗、叶片。发现虫害立即于傍晚喷杀虫剂灭虫，可用杀灭菊酯等。扦插后2~3周，插穗叶片舒展且生出少量根，此时每周喷施一次叶面肥，如0.015 %尿素+0.015 %磷酸二氢钾溶液。

嫁接：终年可行，以3~5月和9~10月嫁接成活率最高，嫁接应避开雨天进行。选取优良母树上生长充实、位于树冠外围已木质化的1年生枝条作接穗，采后剪除叶片，使叶柄与潜伏芽齐平，包裹湿毛巾或藏于湿河沙中保湿备用。采用改良切接法，在离地面20~30 cm处剪除砧木，削去剪口以及接穗下端口下方2.0~2.5 cm处的皮层稍带木质部，所削皮层的长、宽相对应，包扎密封。嫁接后勤浇水，经10~25天成活植株即可发芽。出芽后及时挑芽，并摘掉砧木萌发的不定芽，促进新芽生长。砧木根系发达、主干离地面5 cm处粗1.0 cm以上，接穗生长2~3次梢、高40 cm以上、顶芽稳定时便可定植。

定植：选择微酸性或中性地块，按株行距4 m×4 m定植，于2~5月进行，栽培密度为40株/hm^2。定植后浇透定根水，栽后一个月内密切关注苗木生长情况，发现死苗需及时拔除补种。

日常管理 修剪后除尿素的使用外，也可增施复合肥料或含氮量较高的肥料，一般10年生植株每株施用2~3 kg。还可通过叶面补充适量的微量元素，防止因大量抽梢而产生缺素症状。每次长梢后，适量补充磷钾肥。时常保持土壤的湿润，切勿积水。干旱季节多浇水，雨季时减少浇水或是不浇。

病虫害防治 主要病害为炭疽病、果腐病、疫病等，可由高温多湿引起，应注意种植地卫生，及时清理病果及枯枝落叶。可分别用甲基托布津800~1000倍液、百菌清600~800倍液、雷多米尔1000~1200倍液进行防治。常见叶片病害为炭疽病、藻斑病，应通过修剪生长过密枝条进行预防。常见害虫为东方果实蝇、蓟马类、金龟子、蚜虫、介壳虫类、红蜘蛛等。可选用25 %功夫1200~1500倍液、40.7 %乐斯本1000~1200倍液及阿维菌素1000~1200倍液进行药剂防治。也可对果实进行套袋，减少实蝇及鸟类的危害，减缓裂果及农药的污染，增进果实的膨大和外观的色泽。

采收与留种 7~8月均可采收。果脐展开愈大表示愈成熟，当各品种固有的色泽出现、果脐开展时，表示成熟，可进行果实采收。

7~8月采收优良植株的成熟无病害果实，取出种子后，洗净晾干留用。

40. 文定果

别名： 南美假樱桃、红灯果、牙买加樱桃

Muntingia colabura L.

椴树科，文定果属

形态特征 常绿小乔木，高达 5~8 m。小枝及叶被短腺毛。单叶互生，纸质，长圆状卵形，长 4~10 cm，宽 1.5~4 cm。先端渐尖，基部斜心形，掌状 3~5 主脉，叶缘中上部有疏齿。花两性，单生或者成对生于上部小枝叶腋处。花瓣 5，白色，倒阔卵形，具瓣柄，全缘。花萼合生，5 枚，分离，开花时反折。雄蕊多数。浆果，球形或近球形，樱桃大小，成熟时红色。种子椭圆形，极细小。

分布 中国广东、海南、广西、福建、台湾等地。原产南美洲和印度群岛。

生长习性 喜光，喜温暖湿润气候，也耐旱。耐寒能力差，温度降至 0 ℃，容易受冻害。环境适应性强，抗风能力强。对土壤要求不严，适宜在中酸性、肥沃的土壤中生长。

用途 果实味甜，成熟时色泽鲜艳，似樱桃，果肉柔软多汁，有特殊香味。适合作行道树、庭园树、诱鸟树等。

繁殖栽培技术 采用播种繁殖。

播种： 选择疏松的微酸性土壤，播种前进行整地，同时施足基肥。基肥可加一些微量元素，如硼砂、硫酸铜、硫酸锌等。春季进行播种，播后浇透水。出芽后根据情况浇水，保持一定的空气湿度。

定植： 选择光照充足的地块，按株行距 2 m×3 m 定植。当苗高约 70 cm 时可定植，阴雨天或是连阴天较好。如果是干旱季节，需及时不间断地给种苗供水。定植时回填土盖过种

苗基部 2~3 cm，将幼树周围的土压实，使种苗根系充分和土壤接触，方便吸收水分和养分。

日常管理：对肥料要求不高，一般情况下，日常管理时可追施一部分肥料。兑水分要求比较高，干旱时要及时浇水。同时注意排水，确保土壤湿度保持在一定范围之内。

病虫害防治：病虫害比较少，主要以预防为主。可在日常管理中加强肥水管理，及时中耕除草、清除病残叶，保持通风，减少种植地菌源等。发现病虫害时需及时采取措施。

采收与留种 花果期几遍全年，花后 20 天左右果色转红。4~9 月等果实变成紫红色还没凋落前采收，10 月至翌年 2 月等果实变黄色凋落之前采收。

留种时需根据果实的凋落特点在落果之前进行采收，之后破除果肉取出种子，洗净，晾干后用塑料袋密封贮藏。

41. 黄秋葵

别名： 咖啡黄葵

Abelmoschus esculentus (L.) Moench

锦葵科，秋葵属

形态特征 一年生草本，高 1~2 m。茎圆柱形，直立，疏生刺毛。单叶互生，掌状 3~7 裂，直径 10~30 cm。裂片阔至狭，边缘具粗齿及凹缺，两面均被硬毛。叶柄长 7~15 cm，托叶线形。花单生于叶腋间，黄色，内面基部紫色，直径 5~7 cm，花瓣倒卵形，长 4~5 cm。花萼钟形，较长于小苞片。蒴果筒状尖塔形，长 10~25 cm，直径 1.5~2 cm，顶端具长喙，被粗糙硬毛。种子球形，嫩时白色，熟后呈灰黑色至褐色。花期 5~9 月，果期 7~10 月。

分布 中国广东、江苏、浙江、湖南、湖北、云南、山东和河北等地引入栽培。原产于印度。

生长习性 短日照植物，对光敏感，需充足光照。喜温暖，耐热不耐寒，耐旱耐湿不耐涝。气温 13 ℃、地温约 15 ℃时种子即可发芽，适宜发芽、生长温度均为 25~30 ℃，26~28 ℃时利于开花结果，月均温低于 17 ℃影响开花结果，夜温低于 14 ℃则生长缓慢。对土壤适应性较广，但喜疏松、肥沃、排水良好、土层深厚的壤土或砂壤土。

用途 嫩果、叶片、芽、花皆可食。嫩荚肉质柔嫩，叶、芽、花富含蛋白质、维生素及矿物盐。种子含有较多的钾、钙、铁、锌、锰等元素，也可药用。根可止咳。树皮通经，用于月经不调。种子催乳，用于乳汁不足。全株清热解毒、润燥滑肠。

繁殖栽培技术 采用播种繁殖。

播种： 种子表皮很坚硬，播前浸种 12 h 后，于 25 ℃下催芽，60%~70% 的种子"咧嘴"时即可播种。直播或育苗移栽根据实际天气变化进行适时播种，以 4 月下旬至 5 月中旬进行为佳。选择地势平坦、排水良好的地块，翻耕除杂后进行穴播，穴深 2~3 cm，浇水后每穴播种 2~4 粒，再覆土约 2 cm。出苗后，每 10 天左右进行 1 次中耕除草。幼苗长有

2~3 片真叶时，拔除种植地病苗、弱苗、小苗，使每穴留苗 2 株。

定植：选择 3 年内未种过秋葵，且地势高、干燥的地块，翻耕后，按株行距 45 cm × 60 cm 定植。定植宜在 4 月中下旬的晴天进行。有条件的可在定植前施 2500~4000 kg/hm² 的充分腐熟有机肥和 25 kg/hm² 的磷酸二胺作基肥。定植时先开沟或开穴，幼苗种下后立即浇透水。

日常管理 在施足基肥的基础上适当追肥，第 1 次追肥于出苗后进行，施尿素 90~105 kg/hm²；第 2 次施提苗肥，定苗后开沟施复合肥 225~300 kg/hm²；开花结果期施 1 次重肥，需复合肥 225~300 kg/hm²；采果期后，根据长势进行追肥，薄肥勤施。夏季加强防倒伏工作。生长前期控制营养生长以防徒长，中后期及时摘除已采收嫩果下面的各节老叶，增强通风透光，减少养分消耗和病虫害的发生。摘心可促使种果老熟、籽粒生长饱满。第 1 朵花开放前适当蹲苗，利于根系发育。开花结果后，植株加速生长，每次追肥浇水后应进行中耕。封垄前中耕培土，防倒伏。

病虫害防治 病害较少，但虫害较多。常见病害为疫病，可用甲基托布津 800 倍液或雷多米尔 600~800 倍液防治；连续阴雨可导致较多病斑的发生，待转晴后在植株基部附近撒施生石灰，可防止病情蔓延。常见虫害为椿象、棉铃虫等，可用阿维菌素 1500 倍液 + 绿杀丹 1500 倍液混合防治。

采收与留种 7~10 月均可采收，采收期长达 60~100 天。全生育期可达 120 天左右，株高约 30 cm、长有 7~9 片真叶时开花结荚，第一批嫩果形成约需 60 天。

选健壮植株作种株，任其生长至开花结实，选取植株中上部果实为留种果，果实变为褐色，蒴果刚开裂时，即可采收。完全晒干果荚后取出种子，每个种果约有 90~100 粒种子，晾晒 2 天后贮藏。种子易丧失生活力，故最好放在冷库中贮存，第二年仍可保持约 95 % 的发芽率。

42. 五指山参

别名： 箭叶秋葵、铜皮、小红芙蓉、箭叶黄葵

Abelmoschus sagittifolius (Kurz) Merr.

锦葵科，秋葵属

形态特征 多年生草本，高40~100 cm，具萝卜状肉质根，小枝被糙长硬毛。叶形多样，下部的叶卵形，中部以上的叶卵状戟形、箭形至掌状3~5浅裂或深裂，裂片阔卵形至阔披针形。长3~10 cm，先端钝，基部心形或戟形，边缘具锯齿或缺刻，叶面疏被刺毛，叶背被长硬毛。花单生于叶腋，红色，直径4~5 cm，花瓣倒卵状长圆形，长3~4 cm。花梗密被粗糙硬毛。小苞片6~12，线形，有稀疏长硬毛。花萼佛焰苞状，先端具5齿，密被细茸毛。蒴果椭圆形，长约3 cm，直径约2 cm，被刺毛，具短喙。种子肾形。花果期5~10月。

分布 中国广东、海南、广西、贵州、云南等地。分布于越南、老挝、柬埔寨、泰国、缅甸、印度、马来西亚及澳大利亚等国。

生长习性 喜湿润环境，不耐积水、干旱。在排水良好、土层深厚的砂质土壤中长势最佳。

用途 果可食用，氨基酸种类丰富，脂肪含量较高，富含钙、铁、锌等元素。根入药，治胃痛、神经衰弱，外用作祛瘀消肿、跌打扭伤和接骨药。越南北部以根作止痢和滋补剂。也可作观赏植物。

繁殖栽培技术　采用播种繁殖。

播种： 于 5~7 月播种生长较快。播种前施足基肥，播种后覆盖薄薄一层肥料和细土，早晚浇水，几天后即萌发生长，应注意拔除杂草。待株高 5 cm、长有 2~3 片真叶时即可移栽。盆栽可选用宽 21~24 cm、高 25~30 cm 的花盆，填入拌有肥料的疏松沙土进行栽培。

定植： 按株行距 25 cm×80 cm 定植，起行高 20 cm。带土移栽，种后及时浇透定根水，以保证其成活率。

日常管理　定植 1 周后可施入少量复合肥水，注意"少量多次"施肥。待株高 20 cm 时，可施少量复合肥水。每月松土除草 1~2 次，抽蕾后及时摘除，以提高产量。

病虫害防治　病虫害较少，但叶片柔嫩味甜，常有蜗牛、跳蚤咬食，可于夜晚用手电筒进行捕捉，或用农药喷杀。

采收与留种　嫩果采收食用。药用根茎，冬季采集，洗净切片后晒干。

待果实转为黄色，柄变黑后即可采收，逐个剪下后，连完整果皮一起晒干，以利保管。待种植时，再撕开果皮，取种播种。每果内含 20~40 粒种子，每株 1 年可产 1000 多粒种子。

43. 朱槿

别名：大红花、扶桑、状元红

Hibiscus rosa-sinensis L.

锦葵科，朱槿属

形态特征 常绿灌木，株高约 1~3 m。小枝圆柱形，被星状柔毛。单叶互生，纸质。叶阔卵形或狭卵形，长 4~9 cm，宽 2~5 cm，边缘具粗齿或缺刻。托叶线形，被毛。花单生于上部叶腋间，常下垂。花冠漏斗形，玫瑰红色或淡红色、淡黄色等，花瓣倒卵形，先端圆。花萼钟形，裂片 5，卵形至披针形。雄蕊柱长 4~8 cm，平滑无毛，花柱枝 5。蒴果卵形，平滑无毛，有喙。花期全年。

分布 中国广东、广西、福建、台湾、四川、云南等地广泛栽培。原产中国。

生长习性 强阳性植物，性喜温暖、湿润、通风良好的环境，不耐阴，不耐寒。生长适温 15~28 ℃，过冬温度为 8~10 ℃。对土壤的适应范围较广，喜富含有机质、疏松、排水良好、pH 6.5~7 的微酸性土壤。

用途 嫩叶可当作菠菜的替代品。花可晒干制作腌菜或用于染色蜜饯，通常作汤剂或炖剂。根、叶、花均可入药，有清热利水、解毒消肿之功效。花大色艳，四季常开，可供园林观用。

繁殖栽培技术 采用扦插、嫁接繁殖，以扦插繁殖为主。

扦插：在 5~10 月进行。扦插基质可以是椰糠或是 1∶1 的河沙∶椰糠。冬季时对母树进行重剪，下部或基部会发出萌条，可作插条。扦插前 20 天在插条基部环状剥皮 0.5~1 cm 的宽度。用黑色塑料薄膜将母树上准备作插条的枝条罩住，待枝叶黄化。5 天后用利刃在备扦插枝条与主枝连接处上方约 0.5 cm 处，连同一些木质部向下切过备插枝条基部，呈"V"形。使枝条仍连在主枝上，能自然分开，以不掉不死为原则。让枝条自然生长，注意防风和遮阴。半个月后将已形成愈伤组织的枝条，从母枝上切下。扦插前先将插条在吲哚丁酸 400 mg/L 中浸泡 12 h，之后插于沙床。室温为 18~21 ℃，需要较高空气湿度。插后约 1 个月生根。用 0.3%~0.4% 吲哚丁酸处理插条基部 1~2 s，可缩短生根期。

嫁接：在春、秋两季进行。多用于扦插困难或生根较慢的品种，尤其是扦插成活率低的重瓣品种。可选择枝接或芽接。嫁接苗可当年抽枝开花。

定植：选择向阳地块，按株行距 15 cm×20 cm 定植。定植前，先挖好 50 cm×50 cm×40 cm 的种植穴，可在穴底或沟底施入缓效

性化肥作为基肥。定植时回填土壤至幼苗根颈部并踩实，定植后及时浇透定根水，并保持地面湿润。

日常管理 有条件的施肥以有机肥为主，追肥为辅。有机肥可以是腐熟花生饼等。追肥以复合肥为佳。有机肥的施用在每年的3、8、11月，多结合定植移植、春季修剪和入冬前修剪进行。定植基肥在移植时施入种植穴底部，日常养护中采取环状沟施的方法。若是片植，则采取撒施的方法，1~2 kg/株。追肥时可施入氮磷钾比例为2:1:1的复合肥，15~50 g/株。之后需及时浇水。叶片有缺绿症状时，可补充微量元素镁和铁。在施肥操作时，当温度高于33℃时，应在10:30以前，或16:30以后施肥，接着洒1遍叶面水。气温低于15℃时停止施肥。定植后，经常中耕土壤。在春、夏、秋三季的晴天每7天浇1~2次透水，在冬季，每10天浇1次透水。浇水时应注意调节水压，以免大水冲刷土壤。

病虫害防治 主要病害有病毒病和真菌性根腐病。朱槿种植区不宜种植其他锦葵科植物，种植无病毒种苗，有病害区域可种植抗病品种；减少传播途径，对烟粉虱、蚜虫等进行有效的防控措施，每次修剪病株后对修剪工具进行消毒。发病后，加强日常的养护，提高抗病性，同时定期喷施病毒立克、32%核苷溴吗啉胍、1000倍2%氨基寡糖素、抗病威(病毒K)杀星等药剂，连续喷2~3次，每次间隔1周左右。预防真菌性根腐病主要是经常中耕除草，增加土壤透气性，建立良好的排水系统。发现发病情况及时喷药防治，有死苗立即清除，同时洒石灰进行消毒。药剂可选敌磺钠75%可溶性粉剂500~600倍液、50%多菌灵可湿性粉剂、70%托布津可湿性粉剂。虫害主要有蚜虫、绵粉蚧。可以用10%吡虫啉可湿性粉剂2000倍液、3%啶虫脒乳油2000倍液、25%噻虫嗪水分散粒剂10000倍液进行防治。药剂需轮换使用，1种药剂不宜连续使用超过3次。

采收与留种 嫩叶随用随采。花期全年，可在花朵盛开时采收。

多采用扦插繁殖，故无需留种。

44. 木奶果

别名：火果、山萝葡、白皮
Baccaurea ramiflora Lour.
大戟科，木奶果属

形态特征 常绿乔木，高 5~15 m，胸径达 60 cm。树皮灰褐色。叶片纸质，倒卵状长圆形、倒披针形或长圆形，长 9~15 cm，宽 3~8 cm。叶面绿色，叶背黄绿色，两面均无毛。侧脉每边 5~7 条在下面凸起。总状圆锥花序腋生或茎生于老茎上，被稀疏短柔毛。雌雄异株，无花瓣。雄花序长达 15 cm，雌花序长达 30 cm。花小，棕黄色，苞片卵形或卵状披针形。浆果状蒴果卵状或近圆球状，直径 1.5~2 cm，由黄色变紫红色，不开裂，内有种子 1~3 颗，种子扁椭圆形或近圆形。花期 3~4 月，果实在 7 月中下旬左右成熟。

分布 中国广东、海南、广西和云南。印度、缅甸、泰国、越南等也有分布。

生长习性 喜光，喜温暖，抗逆性较强。对土壤的要求不严格，在一般的土壤中均可生长，但是在土层深厚、排水良好的微酸性土壤中长势最佳。

用途 果实酸甜有致、维 C 含量高，可鲜食或是加工成果脯、果酒、果酱和果汁。但保质期短，需随采随食，或在 8~12 ℃低温中贮藏。可药用，果具有抗肿瘤活性，木质部及根部具有解菌毒、止咳、平喘的功效。园林中可做景观树。

繁殖栽培技术 采用播种、扦插、高空压条或嫁接繁殖。

播种：鲜果采收后，除去果肉，剥去外种皮，保持种子含水量。将种子埋在湿沙中催芽，

根据天气和砂的湿度情况进行浇水,一般每天喷水1~2次。

扦插:选择10月扦插为佳,枝条自7月果实成熟后积累了足够的营养,成活率提高。气温在20.5~26.5 ℃时,利于不定根的形成和生长。插条选用2~3年生枝条,粗2.5~3 cm,长25 cm。用萘乙酸1000 mg/L处理枝条1 h。之后插条在黄泥+珍珠岩组合的基质里催根,插条埋入基质约13~15 cm。可利用树阴进行遮阴。过程中需保证基质含水量在60 %左右,视天气和基质的湿度情况浇水,一般每天浇水1~3次。

高空压条:10月进行为宜。选取2年生健壮无病虫害的枝条,进行环割,宽度为2 cm,深及木质部。1 h后在环割处蘸上200 mg/kg吲哚丁酸生根粉。包裹卫生纸起保湿作用,接着用稻草和黄泥包在环割处,稍后在稀泥外撒上防虫药,可起到预防白蚁等害虫的作用,最后用薄膜包紧,将两端捆扎好。约35天后愈伤组织形成,40天后生根,60天即可剪下移栽。

嫁接:秋季适宜嫁接,嫁接后1周内嫁接处不湿水。高温高湿环境不利于嫁接苗成活。可以选择采用切接法和芽接法进行繁殖。其中切接法中砧木采用1年生枝条,芽接采用2年生砧木。

定植:选择通风良好的地块,以采收果实为目的的按株行距4 m×4 m进行定植,以种植树苗为目的的按株行距50 cm×50 cm定植。

日常管理 木奶果在3月枝条抽生新枝叶进入花穗时期,5月是果实生长发育和营养生长的最旺盛时期。这时期消耗养分较多,应注意追加肥料,保证植株的正常生长。7月上旬果实成熟后,枝条会逐渐积累养分,因此7月之后可以少施肥。木奶果在生长过程中需充足的水分,视天气和植株生长情况进行浇水。

病虫害防治 木奶果食叶类病虫害严重,防治方法包括在冬春季节,在植物周围进行松土,杀死越冬的幼虫和蛹;在成虫产卵期,发现有卵痕的嫩梢,可采取剪除销毁的措施或利用天敌来防治。

采收与留种 鲜果在秋季成熟时采收,采收后需尽快食用,或置于8~12 ℃低温贮藏。

留种的需除去果皮及果肉,将种子取出,洗净后干燥条件下贮藏备用。

45. 木薯

别名：树葛

Manihot esculenta Crantz

大戟科，木薯属

形态特征 直立灌木，高 1.5~3 m。块根圆柱状，肉质。叶纸质，倒披针形至狭椭圆形，掌状深裂，几达基部，裂片 3~7，长 7~20 cm，顶端渐尖，全缘。叶柄常浅红色，长 8~18 cm，稍盾状着生，具不明显细棱。托叶三角状披针形。圆锥花序顶生或腋生，长可达 15 cm。花萼带紫红色且有白粉霜，长 7~10 mm，萼裂片雌花长于雄花，花药顶部被白色短毛，子房卵形，具 6 纵棱。蒴果椭圆状球形，长 1.5~1.8 cm，表面粗糙，具 6 波状纵翅。种子长约 1 cm，多少具 3 棱，种皮硬壳质，具斑纹，光滑。花期 9~12 月。

分布 中国热带、亚热带地区栽培。原产巴西，现世界热带地区广泛栽培。

生长习性 喜热和光，耐干旱，耐贫瘠，对土壤的适应性强。适宜于无霜期 8 个月左右、年平均温度 18 ℃ 以上的地区种植。

用途 块根含氰酸毒素，经漂浸处理或剥去皮层，便可食用；富含淀粉、蛋白质、脂肪，亦为工业淀粉原料之一。也可药用，据《本草纲目》记载，其可治疗痈疽疮疡、瘀肿疼痛、疥疮、顽癣等症状；并具有许多保健功能，如抗癌防癌及防治糖尿病和高血压、治疗膀胱炎、护肝、抗氧化等。枝叶颜色和形状美观，可盆栽或列植供观赏。

繁殖栽培技术 一般采用种茎扦插繁殖。

扦插：中国多在 2~4 月间进行，发芽出苗最适温为 25~29 ℃，低于 10 ℃ 时停止生长。

选择充分成熟、茎粗节密、芽点完整、切口有乳汁、不损皮芽、无病虫害的茎秆，截取长 15~20 cm、粗 1~3 cm 的茎段，截面倾斜 45°。选择背风、平坦的红壤土地块，平整土地后做宽 1.2 m 的平摘苗床。将插条于生根剂中浸泡 5 h 后扦插，插条呈 45°倾斜入土约 2/3，注意插条根部皆同向且芽眼向上。插后浇透定根水。

定植：幼苗穴植，选择排水良好、钾质含量丰富的地块，按株行距 0.8 m×1 m 定植。定植前整地，要求全面翻耕。种后 20 天，进行补苗；苗高 15~20 cm 时间苗，使每穴留苗 1~2 株。

日常管理　氮、磷、钾三要素的施用比例以 5∶1∶8 为佳。施用 50 kg/hm² 的 15∶15∶15 复合肥做基肥。当木薯苗高 20 cm 时，追施壮苗肥，每亩施尿素、氯化钾各 10 kg；结薯期每亩施加 10 kg 尿素、15 kg 氯化肥。种植前 3 个月加强除草。出苗前，保持土壤湿润；出苗后及时排水防涝。

病虫害防治　主要虫害为木薯单爪螨、粉蚧，木薯单爪螨可利用天敌如捕食性螨、蜘蛛、瓢虫等进行生物防治，或使用阿维菌素、胶体硫、代森锌等进行化学防治；粉蚧可用瓢虫、蜘蛛、小蜂等进行生物防治，亦可施用硫磷、吡虫啉进行防治。主要病害为木薯细菌性枯萎病、炭疽病、褐斑病，可用退菌特和杀毒矾、轮换使用丙环唑和多菌灵、50% 异菌脲粉剂和甲基托布津进行防治。

采收与留种　11~12 月，选择晴天收获木薯，机采或人工挖。平均产量可达 31.5 t/hm²。

有霜地区在早霜来临前收获储藏种茎。采用土埋法或露天堆放法储藏种茎，可选背风向南、不积水的坡地，挖稍长于种茎的坑，开好排水沟，将种茎放于坑中盖薄膜后覆土。

46. 余甘子

别名：油甘子、庵摩勒、米含
Phyllanthus emblica L.
大戟科，叶下珠属

形态特征 乔木，一般高 1~3 m。枝条有细的纵条纹，被黄褐色短柔毛。叶互生，纸质至革质，二列，线状长圆形，长 8~20 mm，宽 2~6 mm，顶端截平或钝圆，干后红色或淡褐色。叶柄短，托叶三角形，褐红色。聚伞花序腋生，由多雄 1 雌或雄花组成。雄花黄色，边缘全缘或有浅齿。雌花较厚，边缘膜质。萼片 6。蒴果呈核果状，圆球形，直径 1~1.3 cm，外果皮肉质，绿白色或淡黄白色，内果皮硬壳质。种子略带红色。花期 4~6 月，果期 7~9 月。

分布 中国广东、海南、广西、江西、福建、台湾、四川、贵州和云南等地。印度也有分布。

生长习性 阳性树种，极喜光，不耐阴蔽。性喜干热气候，耐瘠薄环境，生长适温约为 20~30 ℃。在海岛的酸性土壤中生长良好。

用途 果实富含多种维生素，供食用。树根和叶可药用，可治皮炎、湿疹、风湿痛等。园林中可作庭园风景树。

繁殖栽培技术 采用播种、扦插或嫁接繁殖。

播种：清明至小满期间进行，选择地形平坦、通风向阳的地块。播种前整地，撒施过磷酸钙 100 kg/hm² 作基肥，并用五氯硝基苯 1 kg/hm²、代森 1 kg/hm² 消毒。种子在 50 ℃ 温水中自然冷却，24 h 后，留下沉底的种子，将种子点播在苗床上，播完后稍加镇压，盖上山草或松针后淋水。约 20 天后种子发芽，种苗逐渐出土，逐步揭去盖草，同时保持苗床的湿度。当苗高 40 cm 时选在阴天进行间苗，之后喷薄肥水一次。苗高 70~100 cm

时，可出圃进行移栽。

扦插： 早春腋芽尚未萌动之前，在母树上剪取已木质化的 2 年生枝条作扦插条，剪成 15~20 cm，保证有 3~4 个腋芽。扦插条下部蘸生根粉后斜插土中。约 15 天后，地上部的腋芽开始萌动。苗高 50~80 cm 时即可出土移栽。

嫁接： 在春分至清明期间腋芽膨大，但未萌发时，选择阴天进行。嫁接方法可以是劈接或切接。劈接时，在离地 5~10 cm 处剪断砧木并修平，从断面中心，劈出深约 6 cm 的切缝。准备腋芽饱满、1~2 年生、粗 0.8 cm 以上、长 8~10 cm 的接穗，每 10 条捆成 1 把，置于阴凉处，喷水保湿。穗条需采穗当天完成嫁接。嫁接时将接穗插入砧木的切缝，接着用塑料膜绑紧。嫁接后浇水，保持圃地湿度。1 个月后，苗木检查成活的应及时抹去砧木的萌芽。1~2 月后，当接穗抽长，砧穗愈合紧密时解除绑带，同时追施薄肥。

定植： 选择向阳坡地，按株行距 2 m × 3 m 定植。定植宜在春季进行。定植前挖深、宽各 0.7 m 的穴，每穴可施加磷肥 0.5 kg 作基肥。定植时将根系舒展并浇透定根水。

日常管理 苗木出齐后，一般在半个月后喷洒 1% 的薄肥水，之后每半个月施肥 1 次。幼树春季至夏季水分要充足，每 1~2 个月施肥 1 次，多施磷钾肥，苗全部成活后，施复合肥一次。余甘子根系发达，分布广而深，因此在种植后第 2 年不需施肥，直至挂果时，仅在早春和早秋两季各施肥一次，以便保花保果。一般 7 天大量浇水 1 次，如在雨季，需预防圃地积水。

病虫害防治 常见的病害有叶点霉褐斑病、拟盘多孢叶斑病、炭疽病等。严重时喷 70% 甲基托布津可湿性粉剂 800 倍液，50% 多菌灵可湿性粉剂 500 倍液，75% 百菌清可湿性粉剂 600~800 倍液。虫害有介壳虫、蚜虫、木毒蛾和天牛幼虫蛀干等。可用石硫合剂等喷射防治。若天牛蛀干，可用棉花蘸敌百虫 20~30 倍液塞入树干孔内，用泥土密封杀幼虫。花期前一定要喷杀 1 次螨虫，可喷 0.5% 螨立刻 2500~3500 倍液。

采收与留种 秋季果实成熟后可采收。

留种用则选择发芽率高、后代抗逆性强的 5 年生实生树进行采摘。采种的时间在大雪至冬至期间。采后破开果皮，堆积至腐烂，之后将其放入箩筐，在水中冲捣。捞出干净果核后摊开盖好纱布曝晒，含水量在 11% 以下时放入编织袋或陶缸内，在通风干燥的室内贮藏。

47. 树仔菜

别名： 守宫木、五指山野菜、天绿香
Sauropus androgynus (L.) Merr.
大戟科，守宫木属

形态特征 灌木，高达 3 m，全株无毛。单叶互生，近膜质或纸质，卵状披针形至长椭圆状披针形。长 6~9 cm，宽 3.5~4.2 cm，全缘，托叶小，呈三角状。叶脉在叶背凸出，网脉不明显。花雌雄同株，无花瓣。雄花，1~2 腋生，花萼 6 瓣，浅裂。雌花单生叶腋，花萼 6 瓣，深裂，红色。蒴果扁球形，直径 1~2 cm，成熟时乳白色，宿存红色花萼。种子黑色，有种脐。花期 4~7 月，果期 7~12 月。

分布 中国广东、海南（南沙群岛）、广西、福建、四川和云南等地有野生和栽培。东南亚地区也有分布。

生长习性 对光照要求不严，既喜光又耐半阴，但于阳光充足处长势更佳。喜高温多雨潮湿气候，耐旱力亦强。对土壤适应性广，喜肥沃湿润、通气性良好，pH 在 5~8 的土壤。

用途 有深山里的绿色食品之称，营养价值高，嫩茎味道鲜美，炒食、煮食均可。少量食用可提高免疫力，同时具明目、调理肠胃、消除头痛、降血压等功效。园林中可作绿篱。

繁殖栽培技术 采用播种或扦插繁殖，多采用扦插繁殖。

扦插：可在 3 月底至 5 月或是 10~12 月进行扦插，适宜温度为 20~25 ℃，可随采随插。扦插苗床需背风向阳、地势平坦。扦插前宜精细整地后撒一层细沙于表面，接着浇水至土壤湿透为止。插条选用优良母株上 1~2 年生的生长健壮、无病虫害的发育枝。枝条剪下后，截去顶端柔软部分，每条留 2~3 个芽。上剪口距第一个芽眼 0.5 cm 以上，切面要平滑略斜，下剪口应剪成斜面，利于插条吸水。插条长度约 16~18 cm，按头尾顺序捆成把，顶朝上放于水中或是生根素溶液中，吸足水分备用。扦插前先用木棒打洞，以防擦伤插条或被细土堵住导管。扦插的深度为插穗长度的 1/3~1/2，同时保证地上部分有 1 个芽眼。扦插后应压紧，防止浇水后插条与土壤分离。插后浇透水，盖上塑料膜保湿保

温，或搭架盖遮阴网。天气干燥时，可采用人工喷雾的方式增加湿度。盖上塑料膜后需时常检查苗床的温、湿度情况，当温度高于30℃时，及时打开薄膜两头进行通风降温，以免插条腐烂。扦插1~2周后，多数插穗形成愈伤组织，接着长出细根并萌芽。生根后，宜逐渐撤除塑料膜对幼苗进行炼苗。在植株迅速生长期间，需加强施肥、中耕、除草。新梢长至10~12 cm，根系较多时，可进行移植。

定植：选择向阳、保水性较好、地势平坦的地块，翻耕后，按株行距30 cm×40 cm定植。定植后立即浇透水。

日常管理 扦插后一般每周浇1次水。新芽返青后，可喷施1%~2%的尿素水溶液，以培育壮苗。新植株开始迅速生长时，要加强施肥。栽植前10天需施基肥，每亩施过磷酸钙20 kg或草木灰100 kg，有条件的可再施入有机肥3000 kg。定植两个星期后，每亩施尿素10 kg。1个月后，每亩施复合肥20 kg。每采收1~2次后，需培土追肥。每亩施复合肥5~10 kg、硫酸钾3~6 kg。

病虫害防治 树仔菜很少病虫害，在生产过程中几乎无需使用化学产品防治，称得上无公害蔬菜。若管理不当，会诱导产生花叶病毒病。斜纹夜蛾和蚜虫是危害树仔菜的主要害虫，斜纹夜蛾在海南全年都发生，天气干旱时尤为严重。可采用诱杀成虫、摘除卵块、药剂防治幼虫的方法。蚜虫可用50%抗蚜威可湿性粉剂3000~5000倍液防治，或是5%高效大功臣可湿性粉剂和20%丁硫克百威乳油。

采收与留种 植株长至50~70 cm高，长出嫩茎时即可采收。半年后，进入盛产期，每3天可采收1次，以在嫩茎尖的15~20 cm处手折即断者为佳。12月至翌年2月为休眠期，此期间不宜采收或可少量采收。

留种用的果实在充分成熟后采下，破除果肉取出种子，洗净晾干，用塑料袋密封低温贮藏。

48. 蝶豆

别名： 蓝蝴蝶、蓝花豆
Clitoria ternatea L.
蝶形花科，蝶豆属

形态特征 攀缘状草质藤本。茎、小枝纤细。羽状复叶，小叶 5~7，但通常为 5，薄纸质，宽椭圆形，先端钝，微凹，常具细微的小凸尖，基部钝。花大，单朵腋生；花冠蓝色、粉红色或白色，旗瓣宽倒卵形，中央有一白色或橙黄色浅晕，基部渐狭，翼瓣与龙骨瓣远较旗瓣为小，均具柄，翼瓣倒卵状长圆形，龙骨瓣椭圆形。荚果扁平，具长喙，有种子 6~10 颗；种子长圆形，黑色，具明显种阜。花果期 7~11 月。

分布 中国广东、海南、广西、云南、台湾、浙江、福建。原产于印度，现世界各热带地区常见栽培。

生长习性 性喜温暖、湿润环境，耐半阴、忌霜冻，需日照良好。在排水良好、疏松、肥沃土壤中生长良好。

用途 嫩荚可食，要及时采摘，根、成熟种子有毒，不可食用。全株可作绿肥。花大而蓝色，酷似蝴蝶，可作观赏植物。

繁殖栽培技术 采用播种繁殖。

播种：播种前采用机械划破种皮，热水、硫酸和氢氧化钾处理等方法进行催芽。将催好

芽的种子播入穴盘中，根系朝下，覆土厚度约 1 cm，并浇透水。浇水遵循见干见湿的原则，即表土干了再浇水，不干不浇。

定植： 待小苗长至 20~30 cm，即可移栽，并浇足定根水。移栽同时可以架设竹枝，让其缠绕向上生长。

日常管理 蝶豆是生长迅速的藤蔓类植物，宜每月施肥 2~3 次，用腐熟的有机肥如花生麸或尿素加磷酸二氢钾等，也可以用固态复合肥。追肥后及时浇水。管理期间的浇水以每周 1 次为宜。其他时间根据土壤含水量适时浇水。及时除草、引蔓。

病虫害防治 蝶豆生性强健，较少发生病害，主要虫害有蚜虫、红蜘蛛。蚜虫可用 10% 吡虫啉 1500 倍液或啶虫脒 1500 倍液喷施。红蜘蛛可用克螨特 1000 倍液喷施 1~2 次。不能用剧毒、高毒等烈性农药。

采收与留种 当嫩荚长到 6~8cm 要及时采摘，防止变老。嫩叶或嫩梢可以随时采摘食用。

　　留种用则需将成熟果实的种子取出洗净后晾干，贮藏备用。

49. 野葛

别名：葛条

Pueraria montana (Lour.) Merr.

蝶形花科，葛属

形态特征 藤本，长可达 8 m，全体被黄色长硬毛，茎基部木质，有粗厚的块状根。小叶 3，纸质。顶生小叶菱状卵形，长 5.5~19 cm，宽 4.5~18 cm，侧生小叶宽卵形，有时有裂片，基部斜形。托叶盾形，小托叶针状。总状花序腋生，长 15~30 cm。花冠紫红色，花密。萼钟形，萼齿 5，披针形。荚果条形，长 5~10 cm，扁平。花期 9~10 月，果期 11~12 月。

分布 除新疆、青海和西藏外几遍中国全境。东南亚至澳大利亚也有分布。

生长习性 喜阳光充足的环境。耐寒、抗旱、耐贫瘠，对土壤适应性强，荒山石砾、悬崖峭壁缝隙上，只要有 30 cm 深的土层即可扎根生长。喜疏松肥沃、排水良好的壤土或砂壤土。

用途 野葛根粉是优良食用淀粉，种子可榨油。药用价值高，具解表退热、生津、透疹、升阳止泻的功效。野葛根对因高血压引起的头痛眩晕、耳鸣等症状有较好的缓解作用。

繁殖栽培技术 采用播种、扦插和压条方式繁殖。

播种：选择成熟度一致、饱满、无病虫害的种子，在 4~5 月中旬，室外温度 10 ℃ 以上时开始播种。先将种子在 40 ℃ 温水中浸泡 1~2 天，并常搅动，取出晾干后，在已消毒的苗床中均匀撒种，约为 5.5 g/m²。撒播后视苗床干湿情况适当浇水，采用塑料薄膜覆盖保持苗床湿润，10 天左右出苗。生产上常用40℃温水浸泡种子1~2天，并常搅动，常温晾干后播种发芽率可达70%。此外，用枝剪破种孔部位也可促进发芽。

扦插：秋季选取健壮藤茎，剪成8~10 cm的插条，每个插条有2~3个茎节，剪掉基部叶片，保留上部1片或半片叶以利于光合作用。扦插时60°左右斜插在苗床上，覆土并保留1个节位及叶片，使其露出地面。也可采用根头扦插繁殖，将茎节生长出来的小葛根完整挖出，保留连接茎节5~15 cm的茎条，之后斜栽于苗床，在茎节基部覆盖5~10 cm厚的土。扦插后浇水，盖小型塑料薄膜拱棚，以保温保湿。如遇高温、烈日天气，应揭膜通风、喷水调节和盖遮阴网隔热。

压条：5~8月，野葛快速生长，可利用藤节生长须根的特性进行压藤育苗。选择健壮葛藤，理顺，每2~3个藤节挖10 cm左右深的土沟，藤放沟内用湿润泥土压紧，露出叶柄叶片。每根主藤可压多个藤节，藤尖留50 cm左右即可。压埋的藤节部位会长出小须根，次年3~4月即可剪成多根带须根的压条苗。

定植：按株行距5 cm×5 cm定植，宜在春季3~4月或秋季10月进行。定植前可在定植穴内施入草木灰。定植时将幼苗以30°~40°的角度斜栽于定植穴中，覆土后浇透定根水。

日常管理 野葛苗移植后，需及时浇透定根水，可施用薄肥水。雨水过多时要做好排水工作。可结合中耕除草进行追肥，以复合肥为宜。用量视苗情而定，有条件的可每亩施入腐熟有机肥1500 kg，可适当配施复合肥45 kg左右。每年生长盛期可结合浇水，施少量钾肥促进根生长。

病虫害防治 主要病害有叶斑病、霜霉病、锈病等。可用代森锰锌、瑞毒霉锰锌可湿性粉剂、硫悬浮液、粉锈灵防治。虫害主要有葛紫茎甲、筛豆龟蝽、小地老虎、潜叶蛾、金龟子及螨类等害虫危害茎叶。可用阿维菌素、敌百虫、氯氰菊酯、三氯杀螨醇等防治虫害。对危害严重的葛紫茎甲，采取人工捕杀成虫、幼虫，以及用辛硫磷乳油、联苯菊酯乳油或敌敌畏乳油喷洒防治。

采收与留种 11~12月，待荚果成熟未开裂前采收种子或采挖块根。

留种用则需将成熟果实的种子取出洗净后晾干，用塑料袋密封贮藏。

50. 波罗蜜

别名：木波罗、树波罗、牛肚子果
Artocarpus heterophyllus Lam.
桑科，波罗蜜属

形态特征 常绿乔木，高 10~20 m，胸径达 30~50 cm。老树常有板状根。托叶抱茎环状，遗痕明显。叶螺旋状排列，革质，椭圆形或倒卵形，长 7~15 cm 或更长，宽 3~7 cm，先端钝或渐尖，基部楔形。成熟叶全缘，幼树和萌发枝上的叶常分裂。侧脉每边 6~8 条，中脉在叶背显著凸起。花雌雄同株，花序生老茎或短枝上。聚花果椭圆形至球形，或不规则形状，长 30~100 cm，直径 25~50 cm，幼时浅黄色，成熟时黄褐色，表面有坚硬六角形瘤状凸起和粗毛。核果长椭圆形，长约 3 cm。花期 2~3 月，果熟期集中在 6~8 月。

分布 中国广东、广西、福建南部、台湾、云南东南部均有栽培。原产印度，世界热带地区广泛栽培。

生长习性 喜光。幼苗、幼树稍耐阴，大树需充足阳光才能正常结果。生长需高温、潮湿、无霜的气候，适生于年平均气温在 22 ℃ 以上的地区。抗旱性中等，忌低洼积水。对土壤要求不严，喜深厚肥沃、湿润的砂质土壤。

用途 波罗蜜品种多，按果肉口感，分干包种和湿包种。波罗蜜是有名的热带水果，可调制饮料，或制成果汁、罐头或用于酿酒。种仁可炒食或煮食，味如板栗。果实、种仁可入药。果实用于酒精中毒，种仁用于产后脾虚气弱、乳少或乳汁不通。园林中作为优良的庭园风景树和行道树。

繁殖栽培技术 采用播种或嫁接繁殖。因无性繁殖才能保持优良性状，故多用嫁接繁殖。
播种：选背风向阳无霜的地方，对完全成熟、

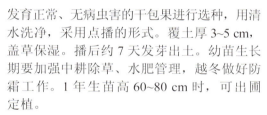

发育正常、无病虫害的干包果进行选种，用清水洗净，采用点播的形式。覆土厚 3~5 cm，盖草保湿。播后约 7 天发芽出土。幼苗生长期要加强中耕除草、水肥管理，越冬做好防霜工作。1 年生苗高 60~80 cm 时，可出圃定植。

芽接：波罗蜜实生苗长到 1 cm 以上即可芽接，采用补片芽接法。选取 1 年生、向阳老熟枝条作接穗，随采随接，或保湿存放。海南全年均可芽接，4~10 月雨季、树木生长季节芽接成活率较高。

定植：选择海拔 600 m 以下的低丘陵或平地，按株行距 5 m × 6 m 定植，全年皆可进行，但以 3~4 和 9~11 月最佳。提前挖好 80 cm × 80 cm × 80 cm 的定植穴，穴底可放杂草、枝叶和石灰 0.5 kg 混合。定植后浇透定根水，再用地膜覆盖树盘。

日常管理 在不同的生长期，有不同的肥水管理方式。定植前施足底肥，定植后需及时浇透定根水。营养生长期施促梢肥，保证一梢一肥。选用氮磷钾 1:1:1 的复合肥，每株小树施复合肥 0.15 kg + 尿素 0.1 kg。可结果的大树 1 年需施促梢肥 3 次。波罗蜜抽花穗前施促花肥，每株施复合肥 1kg + 硫酸钾 0.5 kg + 肥水 5 kg。在植株的幼果期，施壮果肥，以氮钾为主，每株施复合肥 0.15 kg + 过磷酸钙 0.15 kg。果实采收后结合修剪施采后肥，有条件的可重施有机肥。浇水结合施肥进行，干旱季节勤浇水，保证土壤有一定的湿度。

病虫害防治 主要病害有叶斑病、煤烟病、花果软腐病、炭疽病等，可用 1000 倍多菌灵或 1500 倍百菌清进行防治。在幼树和幼果期，每半个月喷施 1 次，果实定型后喷药频率为 1 月 1 次。炭疽病严重时，选用多菌灵 700 倍液喷洒果面。软腐病严重时，可在开花前以及结果后采取喷退菌特或波尔多液的方式进行防治。虫害以天牛、甲虫危害普遍且严重。可以采用捕杀成虫、刮除虫卵、用毒死蜱 600 倍液涂树干、针灌虫洞等方法防治。

采收与留种 在 6~8 月的果实成熟季节，可采收果实。波罗蜜果实成熟有先后，宜分批采收。当果皮六角形瘤状凸起饱满、外形丰满、手触之果皮稍软、能嗅到芳香味时即可采收，采下后熟 2~3 天即可食用。

采种母树宜选速生、结实早、产量高的植株，采后放置几天使果实软化，再破开取出种子，用清水洗净阴干。种子不耐贮存，活力只能保持 20 天左右，应随采随播。

51. 构树

别名：褚桃、褚、假杨梅
Broussonetia papyrifera (L.)L'Hér. ex Vent.
桑科，构属

形态特征 落叶乔木，高 10~20 m，树冠张开，卵形至广卵形。树皮平滑，不易裂，全株含乳汁。叶螺旋状排列，纸质。广卵形至长椭圆状卵形，先端渐尖，基部心形，两侧常不相等。叶面粗糙，疏生糙毛，叶背密被茸毛。花雌雄异株。雄花序为柔荑花序，长 3~8 cm，花被 4 裂，裂片三角状卵形，被毛。雌花序为头状花序。聚花果直径 1.5~3 cm，成熟时橙红色，肉质。瘦果，表面有小瘤，外果皮壳质。花期 4~5 月，果期 6~7 月。

分布 分布几遍全中国。亚洲东南部至太平洋群岛也有野生或栽培。

生长习性 强阳性树种，喜光，喜高温气候，可生于水边，也耐干旱贫瘠。有着较强的适应性和抗逆性，可在酸性至中性土壤中生长。

用途 果实酸甜可食。以乳液、根皮、树皮、叶、果实及种子入药，有补肾、明目、强筋骨等功效。园林中可做庭荫树，也是城乡绿化的重要树种。

繁殖栽培技术 采用播种或扦插繁殖。

播种：苗圃地选择背风向阳、微酸性的土地。一般在 3 月中下旬。1 个月前进行整地和施肥，秋季翻耕土地，去除杂草、树根等杂物，将粉碎的有机肥及少量氮磷化肥撒施于土壤中。播前种子需用清水浸泡 2~3 h，捞出晾干后和细沙 1∶1 混合均匀，堆放于室内进行催芽。当种子有 30 % 开裂时，可进行撒种。为防鸟害和对种子保湿，可以采取盖草措施。当有近一半幼苗出土时，选择下午时段分批揭除盖草。苗木长到 80~90 cm 时，即可移栽。

扦插：插条选择母树中上部生长健壮、无病虫害、半木质化的当年生枝条，早晨或阴天采集。插条剪成 5~8 cm 长，保留 1~2 个腋芽。插前需浸于 1000 mg/kg 的多菌灵溶液中，0.5 h 后取出。接着浸于 500 mg/kg 的 ABT 2 号生根粉中 10 s，最后在插条基部蘸上消毒黄泥浆，插入土中 3~4 cm。扦插后需覆膜保湿，土壤干燥时，及时进行揭膜喷水，可同时喷药防病。之后使插条处在高温环境中，有利于插穗生根。插后需经常查看扦插圃内土壤湿度的情况。

定植：宜于 10 月中旬至 11 月上旬进行。选择背风向阳的地块，按株行距 2.0 cm× 2.0 cm

或 2.0 cm× 3.0 cm 定植。

日常管理 进入速生期后，需追肥 2~3 次。苗木生根、发叶后，需进行土壤施肥，每 10 天浇灌 1%~2% 的尿素液 1 次。叶面施肥则是喷施 0.3 % 尿素和 0.2 % 的磷酸二氢钾液。8 月底后，停止施肥。在冬季落叶后需进行 1 次整枝。

病虫害防治 主要病虫害为煤烟病和天牛。煤烟病可选择用石硫合剂，每隔半个月喷 1 次，持续 2~3 次即可。天牛可以用敌百虫 500 倍液进行喷杀，或是用脱脂棉团沾敌敌畏原液，塞入虫孔道，之后再用黄泥等将孔口封住。

采收与留种 夏季果实成熟变红后即可采收。留种用则在采集成熟果实之后装在桶内捣烂，进行漂洗，除去渣液，获得纯净种子，稍晾干就可干藏备用。

52. 无花果

别名： 映日果、蜜果、文仙果
Ficus carica L.
桑科，榕属

形态特征 落叶灌木，高 3~10 m。多分枝，树皮灰褐色，皮孔明显。小枝直立，粗壮。叶互生，厚纸质，广卵圆形，长 10~20 cm，通常 3~5 裂，基部浅心形。托叶卵状披针形，红色。叶柄长 2~5 cm，粗壮。雌雄异株，雄花和瘿花同生于一榕果内壁，雄花生内壁口部，花被片 4~5，瘿花花柱侧生，短。雌花花被与雄花同。榕果单生叶腋，梨形，直径 3~5 cm，顶部下陷，成熟时紫红色或黄色。瘦果透镜状。花果期 5~7 月。

分布 中国南北均有栽培。原产地中海沿岸。

生长习性 喜阳光，喜温暖和较干燥的大陆性气候，不耐严寒，耐旱不耐涝，抗风能力差，较耐盐碱。对土壤要求不甚严格，喜向阳、土层深厚肥沃、排水良好的砂质壤土或黏质壤土。

用途 无花果除鲜食外，还可加工制果脯、果酱、果汁、罐头等。叶、果实和根均可入药，健胃清肠，消肿解毒，可治肠炎、痢疾、便秘等。在园林中是良好的园林及庭院绿化观赏树种。

繁殖栽培技术 采用扦插、分株繁殖，多以扦插繁殖为主。

扦插： 一年中大多数月份均可扦插，秋末冬初较为适宜。选择含盐碱低、有机质含量高的砂壤。秋季无花果叶子落后采集母树下部的萌发枝作扦插条，20 cm 长即可。插条在采后需浸泡在清水中 3 天。插入土壤 15 cm 左右，插后立即浇水。也可将插条用湿沙贮藏 1 个月，待形成愈伤组织后再扦插。无花果的插条在愈伤组织形成期对温度要求高，应注意提高地温。约 1 个月生根，在生根后和发叶期，加强水分管理，保持土壤湿润，干旱时多浇水，土壤潮湿时少浇水或者不浇水。进入冬季，温度降低后，幼苗不耐寒，可以在周围覆盖稻草、树叶等。培育 1 年即可移栽。

分株： 2~3 月进行，栽种前需进行修剪，剪除密枝或枯枝，在展叶前栽种较为适宜。

定植： 选择地势平缓的向阳地块，按株行距 3 cm×4 cm 定植，宜在春季芽萌动时进行。定植前可挖穴径 50 m 的定植穴，穴内放入 20 kg 的土杂肥与土混合，待下沉后开始种植。

日常管理 植株成活后在 6 月和 7 月各追施

硫酸铵 1 次。幼树生长期，应及时施肥。离主根 40 cm 左右，每株施腐熟肥 5 kg。有条件时，成龄树可施腐熟有机肥 15 kg/株，在落叶前后施入基肥。追肥适宜在新梢旺盛生长期和果实迅速膨大期进行。施肥过程可偏重施磷钾肥，氮磷钾的比例为 0.5∶1∶1。在新梢生长和果实膨大期需水量较大，在保证水量充足的前提下，同时注意做好排涝排水工作，以防落果。

病虫害防治 常见的病虫害有桑天牛、果实炭疽病和根结线虫等。在果实生长期会向周围散发特殊气味易招致桑天牛危害，可采用人工捕捉桑天牛、药物灭虫卵或毒签堵塞等方法。果实炭疽病防治可以在夏秋季果实发病前喷施 75% 百菌清 600~800 倍液，每 1~2 周喷施 1 次。也可以喷施 200 倍石灰倍量式波尔多液进行防治。防治根结线虫可采取避免多年种植地连作、对苗木时常进行检疫消毒和对土壤进行消毒的措施。

采收与留种 无花果成熟期长，应分期采收。选干燥晴天的早晨或傍晚进行，当果实顶端有一小孔微开，果皮出现色泽时，可采摘。包装宜用特制的保鲜箱，装箱时果柄朝下，中间用泡沫托板隔开，防止挤压。

多采用扦插繁殖，故无需留种。

53. 薜荔

别名： 凉粉子、爱玉子、广东王不留行、凉粉果
Ficus pumila L.
桑科，榕属

形态特征 攀缘或匍匐灌木。叶两型。不结果枝节上生不定根，叶互生，薄革质，卵状心形，长约 2.5 cm，基部稍不对称，尖端渐尖。结果枝上无不定根，叶革质，卵状椭圆形，长 5~10 cm，先端急尖至钝形，基部圆形至浅心形。叶脉在叶面下陷，叶背凸起，网脉甚明显。托叶 2，披针形。雄花生榕果内壁口部。瘿花具柄，花被片 3~4，线形。雌花生另一植株榕果内壁，花柄长，花被片 4~5。榕果单生叶腋，瘿花果梨形，雌花果近球形。榕果幼时被黄色短柔毛，成熟时黄绿色或微红。瘦果近球形，有黏液。花果期 5~8 月。

分布 中国广东、广西、福建、江西、浙江、安徽、江苏、台湾、湖南、贵州、云南东南部、四川及陕西。日本、越南北部也有分布。

生长习性 幼株耐阴，成熟植株需充足光照。抗干旱，耐贫瘠，适应性强。对土壤要求不严格，喜肥沃的砂质壤土。

用途 果皮和花被可做凉粉、果冻或是保健饮料。藤叶药用，有治风湿痹痛、祛风、利湿、活血、解毒、泻痢、治跌打损伤等作用。薜荔攀缘及生存适应能力强，园林中可用于垂直绿化。

繁殖栽培技术 采用播种、扦插、压条、嫁接繁殖。

播种： 早春整地后，覆盖 1 cm 厚的黄土。采用撒播的方式，覆土到看不见种子即可。

浇透水，可用竹弓支撑扣上薄膜和遮阳网，达到保温、保湿和避免强烈阳光直射的效果。如温度满足 10~23 ℃，约 10 天可出苗。可以将植株苗在 4 月中下旬阴雨天移植到种植地，盖上遮阳网，进行常规育苗管理。直到 9 月中下旬可揭遮阳网对植株进行日光锻炼。第 2 年春季定植。

扦插：春、夏、秋 3 季均可扦插，4 月下旬至 7 月中下旬，日平均温度在 25 ℃以上，有利于生根，此段时间进行扦插效果最佳。扦插基质常用 1∶1 的黄土和细河沙，如有条件可用培养土、珍珠岩和谷壳灰作扦插基质。插条可以选当年萌发的半木质化、1 年生木质化的大叶枝条和 1 年生木质化的小叶枝条。结果枝插条需剪成 12~15 cm 的长度，留叶 2~3 片。营养枝剪成 20 cm 的长度。插条的 1/3 斜插于土内，营养枝可将露出的小枝平埋于土内或剪去 3/5 以下的小枝后斜插。扦插前可用 50 mg/kg 的 ABT 生根粉液浸插条基部 2 h。一般 20 天可产生愈伤组织，40 天长出新根。

定植：选择地势平坦且排水方便的地块，翻耕后，按株行距 30 cm× 30 cm 定植，在晚春或初秋早晚进行。定植时使根系舒展，压实后浇透。

日常管理 应在扦插当日或次日为薜荔遮阳，进行松土除草。追施稀薄的尿素或复合肥液，5 月、6 月、8 月、9 月需各追肥 1 次。进入雨季应及时排除种植地积水，干旱时及时浇水。

病虫害防治 黑斑病 4 月始发，危害叶片。可用 70 % 甲基托布津 500 倍液浸种。发病初期用 40 % 多菌灵 800 倍液或 20 % 甲基托布津 1000 倍液喷施。红蜘蛛 5~6 月发生，危害叶片，可用 20 % 双甲脒乳油 1000 倍液喷施防治。

采收与留种 在 5~8 月可采收花被和成熟的果实。

留种用的果实成熟采摘后可堆放几日，等花序托软熟后，用刀切开果实取出瘦果。再放入水中搓洗，纱布包扎成团后，滤去肉质糊状物后取出种子，种子阴干贮藏以备第 2 年春播。

54. 果桑

别名：桑树、桑葚、桑枣
Morus alba L.
桑科，桑属

形态特征 乔木或灌木，高 3~10 m，胸径可达 50 cm。树皮厚，灰色，具不规则浅纵裂。冬芽红褐色，卵形，芽鳞覆瓦状排列，灰褐色，有细毛。小枝有细毛。叶卵形或广卵形，长 5~15 cm，宽 5~12 cm，边缘锯齿粗钝，叶多分裂。叶柄长 1.5~5.5 cm，具柔毛。花单性，腋生或生于芽鳞腋内，与叶同生。雄花序下垂，长 2~3.5 cm，密被白色柔毛。花被片宽椭圆形，淡绿色。雌花花序长 1~2 cm，被毛，总花梗长 5~10 mm，被柔毛。聚花果卵状椭圆形，长 1~2.5 cm，成熟时红色或暗紫色。花期 4~5 月，果期 5~8 月。

分布 原产中国中部和北部，全国有栽培。朝鲜、日本、蒙古、中亚各国、俄罗斯、欧洲等地以及印度、越南均有栽培。

生长习性 稍耐阴，耐高温干旱，且耐寒。气温 12 ℃ 以上时萌芽，适宜生长温度为 4~30 ℃。

用途 嫩叶是新优蔬菜，现已被卫生部列入"既是食品又是药品"的名单中。成熟鲜果可食用，含葡萄糖、果糖等 16 种有益氨基酸，目前已有桑葚饮料、桑葚酒、桑果酱和桑葚提取物花青素等产品。也可药用，味甘性寒，具有生津止渴、滋阴补血、明目安神等功效，可增强免疫功能、促进造血细胞的生长、防止人体动脉硬化、促进新陈代谢，长期食用可延年益寿。

繁殖栽培技术 采用播种或嫁接繁殖。

播种：春播于 3 月下旬至 4 月初进行，夏秋季播种可用当年采摘种。播种前 5~6 天用 40 ℃ 温水浸种，待水自然冷却后，再持续浸泡 12 h，洗净平摊于容器内，并覆盖湿布，每日清水淘洗直至约 30 % 种皮破裂露白时即可播种。条播可按行株距 20 cm×30 cm 开深 1cm 沟，用种量为 0.5~1 kg/hm²，播后覆土约 0.5 cm，再盖草。约 10 天即可出苗，苗齐后揭去盖草。苗高 5~6 cm 时进行两次间苗，除去弱苗病苗，定苗株距约为 15 cm，保留 15000~20000 株 /hm²。

嫁接：选取品种优良、生长健壮的 1 年生枝条中上部饱满芽，于 9 月中旬到 10 月上旬进行芽接。来年春季剪砧，夏末解绑。

定植：选择低海拔、排灌方便的地区，按株行距 3 m×2 m 定植，栽培密度为 110 株 /hm²。可在春季 2~3 月，苗木新芽还未萌动时进行移栽。冬季温暖地区也可在秋末落叶后移栽。定植前挖深 50 cm、宽 50 cm 的定植沟，覆稻草 20 cm、表土 10 cm，并施复合肥 50 kg/hm²，回填。栽植时，需先将苗木根系理顺，填土时使根系与土壤紧密接触，浇水封穴后培土，栽植后 15 天保持土壤湿润。

日常管理 始花期和幼果期各进行 1 次叶面喷施，可选用 0.25 % 的磷酸二氢钾与天然芸苔素混合液。春夏季剪枝后的萌芽期需及时补水。定植后，将苗木距地 20~25 cm 处短截定干，此后每年采收后进行短截。冬季将夏季萌发的弱小枝、退化的结果母枝适当短截，一般剪去枝梢顶端 20~25 cm。

病虫害防治 主要病害为褐斑病、炭疽病、白粉病等。主要害虫为桑尺蠖、桑毛虫、菱纹叶蝉、桑天牛等。每年冬季将修剪的枯枝落叶焚烧后，结合施肥深埋；萌芽前用 3 波美度的石硫合剂对全枝进行消毒；7~9 月高温多雨期，每隔 10~15 天喷洒 1 次敌杀死 2000 倍液 +75 % 甲基托布津 1200 倍液或 75 % 百菌清 800 倍液，以防治桑毛虫、褐斑病等。若发现桑天牛危害枝干，对幼虫可采用蛀孔注药或塞入药签杀灭，成虫可人工捕捉。

采收与留种 4~6 月均可采摘，栽种当年即可挂果，第 2 年才可收获果实，第 3 年可丰收。果实刚由红变黑 (白色品种果梗由青绿变黄白) 且晶莹明亮时成熟，于清晨采收，注意轻拿轻放，避免表皮破损，先用小塑料盒包装，再装入纸箱，一般每箱重 10~15 kg。

5~6 月采取成熟桑葚，置于桶中，拌入适量草木灰，用木棍轻轻捣烂，再用水淘洗，取出种子铺开阴干，留用。

55. 毛叶枣

别名：滇刺枣、印度枣
Ziziphus mauritiana Lam.
鼠李科，枣属

形态特征 常绿乔木或灌木，高达15 m。幼枝被黄灰色密茸毛，小枝被短柔毛，老枝紫红色，有2个托叶刺，1个斜上，另1个钩状下弯。叶纸质至厚纸质，卵形、矩圆状椭圆形。具细锯齿，叶面深绿色，无毛，叶背被黄色或灰白色茸毛。叶脉三出，在叶背有明显的网脉。花绿黄色，两性，5基数，数个或10余个密集成腋生二歧聚伞花序。花瓣矩圆状匙形，基部具爪。核果矩圆形或球形，长1~1.2 cm，直径约1 cm，橙色或红色，成熟时变黑色，基部有宿存的萼筒。种子宽而扁，红褐色，有光泽。花期8~11月，果期9~12月。

分布 中国广东、广西、四川、云南、福建和台湾有栽培。斯里兰卡、印度、阿富汗、越南、缅甸、马来西亚、印度尼西亚、澳大利亚及非洲也有分布。

生长习性 喜光，阳光充足利于枝叶生长以及开花结果。年平均温度要求22 ℃以上，极端最高温为42 ℃，1月平均温度要求6.5 ℃以上。抗旱能力强，但开花结果与果实膨大期忌骤干骤湿，否则易落花落果。对土壤无特别要求，但以pH约6.5的砂壤土或壤土为佳。

用途 果可直接食用，也可加工成罐头、果脯、果汁饮料等系列产品，含有大量维生素，素有"维生素丸"之称。树皮可消炎止痛、收敛止泻，用于腹泻、肠炎、痢疾，外用于烫火伤；种子可宁心、敛汗，用于虚汗、烦躁、惊悸失眠。

繁殖栽培技术 采用嫁接繁殖。

嫁接：砧木可选用高35 cm以上、茎粗0.5 cm以上的播种苗，优良母株作接穗进行靠接。

嫁接后 20 天进行第 1 次剪砧，剪去砧穗的 1/2，此后约 35 天进行第 2 次剪砧。接苗期间不可强光曝晒，两次剪砧后约 1 个月可进行定植。

定植：选择排水良好的地块，按株行距 5 m×5 m 定植，选择雨季 3~4 月份的傍晚进行。定植前挖好规格为 50 cm×50 cm 的定植穴，每穴施用三元复合肥（复合肥）1 kg、钙镁磷 1 kg 及适量的硼、硫酸镁，条件允许时可加施有机肥 25~50 kg，过酸土壤可加入适量石灰粉中和酸性。定植后，浇透定根水，覆盖稻草或薄膜保湿，若遇晴天应每 1~2 天浇水 1 次，直至成活。种植 3 年以后可将种植密度调整至 18~20 株 /hm^2，贫瘠地块可适当密植。3~4 月份定植后当年即可开花结果。自花结实率低，栽培时需配置 10%~20% 的授粉树，将盛花期相一致的上午开花型与下午开花型品种进行搭配。

日常管理 采果后的 3~4 月，结合扩穴改土，穴施尿素 0.1kg、钙镁磷 0.5kg、复合肥 0.5kg，有条件的还可增施有机肥 30~50 kg，长势较弱的植株可增施氮肥。发芽期和幼果期追施速效肥；花前、花期、幼果期可进行根外施肥，如叶面喷施 0.4%~0.5% 的尿素，以提高光合效率；幼果期可喷施过磷酸钙和草木灰浸出液，以提高果实品质与产量。开花前 1 个月及幼果期应保持土壤干燥；当果实长至直径 1.5 cm 时，果实迅速膨大，需加大浇水量；采收期忌大量浇水。定植成活后，5~6 月选留嫁接口上方斜向生长、分布均匀的 3~4 条健壮枝条作为当年主枝；1 年生植株剪除交叉重叠枝；2 年生以上植株需对荫蔽枝、重叠枝进行修剪。

病虫害防治 主要病害为白粉病、炭疽病、枣疫病等，可分别用 70 % 甲基托布津 1000 倍稀释液、可杀得三千 1500 倍 + 阿维啶虫脒 1000 倍液 + 阿卡迪安 1500 倍、90 % 疫霜灵可湿性粉剂 600 倍液进行防治。主要虫害为红蜘蛛、叶蝉、黄毒蛾等。对于红蜘蛛的防治，要勤检查，当发现少量虫口，可用 20 % 三氯杀螨砜可湿性粉剂 600~800 倍稀释液等进行喷药防治，也可利用食螨瓢虫和捕食螨进行生物防治。

采收与留种 8~9 月以及 12 月上旬至翌年 2 月中旬均可采收，一年可采收两次果实。

9~12 月选择优良健壮的结果植株，果实呈黄色时及时采收，取种洗净后，晾干留用。

56. 鸡柏紫藤

别名：灯吊子、鸡柏胡颓子
Elaeagnus loureirii Champ.
胡颓子科，胡颓子属

形态特征 常绿直立或攀缘灌木，高2~3 m。无刺，幼枝密被锈色鳞片，老枝鳞片脱落，深黑色。叶纸质或薄革质，椭圆形至长椭圆形或卵状椭圆形至披针形，长5~10 cm，宽2~4.5 cm。边缘微波状，叶面幼时具褐色鳞片，成熟后脱落而有凹下斑痕。叶面淡绿色或绿色，叶背棕红色或褐黄色。花褐色或锈色，外面被鳞片，常数花簇生叶腋。果实椭圆形，长15~22 mm，被褐色鳞片，果梗细长。花期10~12月，果期翌年4~5月。

分布 中国广东、香港、广西、云南。

生长习性 喜光，亦耐阴，耐干旱瘠薄，不耐水涝，有较强的抗寒能力。对土壤要求不严，在中性、酸性和石灰质土壤上均能正常生长。

用途 果可生食。全株可入药。可用于治哮喘、咳嗽、泄泻、胃痛等。外用于疮癣、痔疮、肿毒痛、跌打肿痛。园林中作绿篱布置。

繁殖栽培技术 采用播种、扦插繁殖。

播种：选择地势平坦、土层较厚的土壤做苗床，5月果实成熟时采下，取出种子立即播种。该种发芽对温度要求不高，对湿度要求高，在播种后，需保持苗圃地土壤的湿润。15天左右可出苗，第2年春天可将幼苗带土定植。

扦插：绿枝和硬枝均可扦插。插条剪成15 cm的长度，插条留芽3~4个，采用3000 ppm吲哚丁酸浸渍5 s后埋入沙床中，露出先端1~2个芽进行催根，时常浇水保湿，10~20天后检查，当根部长出白色愈伤组织时即可进行扦插。将插条斜插于苗床上，保持湿润。绿枝扦插适合在秋季进行，硬枝和

根插在春、秋两季都宜进行。扦插1个月后长出生根小苗时,需施薄肥,促进生长。

定植:按株行距1 m×1.5 m定植。定植前挖好直径和深为60~80 cm的定植穴,定植后浇透水。

日常管理 栽植当年应适时进行中耕除草和追施肥料,以促进幼苗生长。每年施氮肥3000 kg/hm^2,磷肥3000 kg/hm^2,钾肥2250 kg/hm^2。幼树在施肥时应抓好芽前肥和壮梢肥,以氮肥为主。结果树需重施谢花肥和冬肥,以磷钾肥为主。7~10天后浇1次水。每年秋季剪去过密枝,下垂枝和蘖条,保持通风透光,3年后进入结果期。

病虫害防治 病害主要有锈病和叶斑病。针对锈病可以结合修剪清除得病枝叶,集中销毁或埋藏。喷洒25%粉锈宁1500~2000倍液或是75%氧化萎锈灵3000倍液;叶斑病除了注意物理防治外,可喷洒1%波尔多液或是80%代森锰锌400~600倍液。虫害主要有蚜虫,冬季可在植物上喷洒5波美度石硫合剂以消灭越冬的虫卵。注意保护蚜虫的天敌食蚜蝇、草蛉和瓢虫。喷施2.5%鱼藤精1000~1500倍液,7天后再喷1次。

采收与留种 5月果实成熟后可采收。

留种用需将果实堆积起来,一段时间后自己腐烂,再将种子淘洗干净后晾干,塑料袋密封贮藏,取出种子后立即播种。

57. 山油柑

别名： 山柑、石苓舅、砂糖木
Acronychia pedunculata (L.) Miq.
芸香科，山油柑属

形态特征 常绿乔木，高 5~15 m。单叶互生，有时略不整齐对生。椭圆形至长圆形，或倒卵形至倒卵状椭圆形，长 7~18 cm，宽 3.5~7 cm，全缘。叶柄长 1~2 cm，基部稍增大呈叶枕状。花两性，黄白色。花瓣 4，狭长椭圆形。果近圆球形，径 1~1.5 cm。果序下垂。淡黄色，顶部中央微凹陷，有 4 条浅沟纹。种子倒卵形，种皮褐黑色。花期 4~8 月，果期 8~12 月。

分布 中国广东、海南、广西、福建、台湾、云南。印度、缅甸、印度、马来西亚、菲律宾也有分布。

生长习性 耐阴，不耐寒，喜温暖湿润气候。喜土层深厚、排水良好、湿润的砂质土壤。

用途 果实味清甜，富含水分，可鲜食。根、叶、果可入药，治支气管炎、感冒、咳嗽、跌打肿痛、消化不良等。园林中常见于较低的丘陵坡地绿化。

繁殖栽培技术 采用播种繁殖。

播种： 随采随播，选择有机质含量较高、排水良好的地块，播种前先整地，可施少量基肥。播种后浇 1 次透水，注意遮阴。鲜种子在 15~25 ℃ 的温度条件下，1 周后即可发芽。在幼苗长至 30~40 cm 高时进行定植。

定植： 选择坡度缓和、排水良好的地块，按株行距 2 m×2 m 栽植，定植穴深为 20 cm，有条件放置少量有机肥。定植后浇透定根水。

日常管理 每年施 4 次肥，分别是春肥、稳果肥、壮果肥和果后肥。其中春肥宜早施，以速效性化肥为主，2~3 月施肥合适。酌情施稳果肥，多施壮果肥以及采果后补施采果肥。具体的施肥量根据实际的生长情况决定。在春梢萌发的 2~3 月施春花肥，以速效性化肥为主，有条件的可配合有机肥施用，氮肥施用量占全年的 10%~15%。5 月施稳果肥，在叶面喷施 0.3 % 的尿素，施肥量约占全年的 5 %。7~8 月施壮果肥，以速效肥为主，氮肥施用量占全年的 40 %，磷、钾肥施用量占全年的 50 %。11 月施采果肥，施加少量化肥，氮肥施用量占全年的 40 %，磷、钾肥施用量占全年的 40 % 以上。如遇干旱，应多浇水。

病虫害防治 病害主要有流胶病、黄斑病等。日常的栽培管理中，注意肥水管理，及时排灌，注意通风等。流胶病的防治可先削去病部，采用乙磷铝液或甲霜铅铜涂抹病部，10 天后复涂 1 次。黄斑病可喷施 50 % 多菌灵可湿性粉剂 500 倍液或是 80 % 代森锌可湿性粉剂 600 倍液进行防治。

采收与留种 秋冬季节果实成熟后采收。选择长势良好、无病虫害的植株进行采收留种。留种时需破除果肉后取出种子。种子洗净后晾干，用塑料袋密封贮藏。

58. 柠檬

别名： 洋柠檬、西柠檬
Citrus × limon (L.) Osbeck
芸香科，柑橘属

形态特征 小乔木。枝有刺或少刺，嫩叶及花芽暗紫红色，翼叶明显或仅具痕迹。叶片厚纸质，卵形或椭圆形，长 8~14 cm，宽 4~6 cm，顶部短尖，边缘有明显钝裂齿。单花腋生或少花簇生。花瓣长 1.5~2 cm，外面淡紫红色，里面白色。花萼杯状，4~5 浅齿裂。常有单性花，即雄蕊发育，雌蕊退化。果椭圆形或卵形，两端狭，顶部通常较狭长并有乳头状突尖。果皮厚而粗糙，柠檬黄色，难剥离，富含柠檬香气。种子小，卵形，端尖。花期 4~5 月，果期 9~11 月。

分布 中国长江以南广泛栽培。原产东南亚。

生长习性 耐阴，喜温暖，抗旱能力强。喜冬暖夏凉的亚热带地区，适宜年平均气温为 17~19 ℃。栽植于温暖而土层深厚、排水良好的缓坡地为佳，最适土壤 pH 为 5.5~7.0。

用途 果可食用，营养丰富。也可药用，有降尿酸、降血脂、降血压、防癌抗癌等功效。园林中可作观赏盆景。

繁殖栽培技术 采用扦插繁殖。

扦插： 采集停止生长、已木质化的嫩枝作插条，使用托布津或多菌灵杀菌后，清水洗净，放入清洁黑色薄膜袋中以促进生根。按株行距 3 cm × 20 cm 插条，插床温度高于 30 ℃时进行通风散热，并适时浇水，保持基质湿润。

定植： 选择排灌较方便的地块，按株行距 3 m × 4 m 定植，种植密度约为 55 株/hm^2，于春季或秋季 9~10 月进行。提前挖好 60 cm × 60 cm × 60 cm 定植穴，每穴施过磷酸钙 0.5~1 kg，有条件的可增施有机肥 30~50 kg，肥土混匀。定植时去除嫁接薄膜，剪去伤根、过长主根和幼嫩的晚秋梢，使根系与土壤密切接触。栽植深度应与苗圃期泥痕相一致，根颈露出地面，浇透定根水，覆盖稻草或地膜，以保温保湿。定植半月后成活，成活前宜勤浇水、不追肥，成活后应保证土壤润而不渍。待长出少量新梢后，方可施用薄肥。

日常管理 幼树期间，每年冬季结合浅耕培土，施足基肥，此后每年施肥5~10次，勤施薄施，以速效性氮肥为主，配合施用磷肥、钾肥，并在嫩梢期进行3~4次叶面喷肥。一年四季均可修剪，但以冬春修剪为主，生长期修剪为辅。初结果树修剪以轻疏长放为主。在10~11月秋梢充分老熟后进行适度地松土断根，以控制冬梢生长，促进花芽分化。

病虫害防治 主要病害有炭疽病、疮痂病、流胶病、脚腐病、黄斑病、褐斑病等，可通过及时修剪、避免种植地郁闭等措施进行防治。主要虫害有潜叶蛾、凤蝶类、粉虱类、介壳虫类、花蕾蛆，可分别用7%艾美乐1000~1500倍液、20%杀死菊酯2000倍液、70%艾美乐6000~10000倍液、2.5%敌杀死2000~2500倍液进行防治。也可用长宽为20 cm×15.5 cm、内黑外黄的双层柠檬专用纸袋对果实进行套袋，以减少果实病虫害。

采收与留种 9~11月均可采收果实。一般要求柠檬果实横径不小于50 mm，果色由深绿转为浅绿色，甚至略呈淡黄绿色时才能采收。

一般以扦插或嫁接繁殖为主，不需要留种。

59. 柑橘

别名：海南青金桔、公孙桔、桔仔、酸桔
Citrus reticulata Blanco
芸香科，柑橘属

形态特征 小乔木。分枝多，刺较少。单身复叶，翼叶狭窄或仅有痕迹，叶片形态、大小变异较大，通常披针形或椭圆形，顶端常有凹口，叶缘至少上半段通常有钝或圆裂齿。花白色，单生或2~3朵簇生；花萼不规则3~5浅裂；花瓣约1.5 cm；雄蕊20~25枚，花柱细长，柱头头状。果通常扁圆形至近圆球形，果皮甚薄而光滑，果肉酸或甜，或有苦味，或另有特异气味；种子或多或少数，稀无籽，顶部狭尖，基部浑圆。花期4~5月，果期10~12月。

分布 广泛栽培于秦岭南坡以南，海拔较低地区。全国各地有很多的栽培品种，风味各异。

生长习性 喜阳光充足，抗旱能力强。栽植于温暖湿润而土层深厚、排水良好的缓坡地为佳。

用途 果可食用，海南常作调味品以代替醋，营养丰富，也可药用，有治疗眼疾、咳嗽、哮喘、高血压、防止动脉硬化等特殊功效。

繁殖栽培技术 采用嫁接繁殖。

嫁接：选用高35 cm以上、茎粗0.5 cm以上的实生苗作砧木，选用优质高产高抗的母株作接穗进行嫁接。接苗期间不可强光曝晒，待接穗完全成活后约1个月可进行定植。

定植：选择排灌较方便的地块，开挖种植沟，种植沟宽1 m，深0.8 m，分3层施用有机肥和磷肥。每单株可施入石灰0.5 kg，草皮

或杂草 10~30 kg，腐熟有机肥 10~20 kg，磷肥 0.5 kg，有机活性肥 0.5 kg。栽植深度应与苗圃期泥痕相一致，根颈露出地面，浇透定根水，保温保湿。

日常管理 该种 1 年可多次开花，但以 6 月上旬和 7 月上旬两次开花所结果实品质最佳，因此提高第 1、2 次花果数量和质量是获得优质高产的重要技术手段。可在第 2 次花谢、第 1 次果长至小米粒大时，每株施硫酸钾复合肥 0.3~0.5 kg，并喷施 0.3% 磷酸二氢钾、0.2% 硼砂混合液 1~2 次，以促稳果壮果。以抹芽、剪梢、摘心等方式修剪，成年果树以丛状形为佳，树冠低矮，呈半圆形，结果层分布于树冠外围。

病虫害防治 本种抗性强，病虫害较少。在春季萌芽初期，每隔 10 天喷施 1 次 800 倍绿亨二号，连喷 3 次，春梢抽生期及时喷药 2 次，第 1 次于新梢萌发 0.5 cm 长时，喷 0.5% 倍量式波尔多液，7~10 天后喷可杀得 500 倍液或氧氯化铜 1000 倍液或甲基托布津 600 倍液，以防治炭疽病和沙皮病。冬季喷施波美 1 度的石硫合剂 1~2 次，防治红蜘蛛；喷 20% 氰戊菊酯 4000~5000 倍液药或 20% 甲氰菊酯 4000~5000 倍液，每隔 5~7 天喷药 1 次，连喷 3 次，防治潜叶蛾。

采收与留种 一年四季均可开花结果，一般果实直径大于 3 cm 就可采收。

一般以嫁接繁殖为主，不需要留种。

60. 黄皮

别名： 黄弹

Clausena lansium (Lour.) Skeels

芸香科，黄皮属

形态特征 常绿小乔木，高 5~10 m。小枝、叶轴、花序轴、尤以未张开的小叶背脉上散生甚多明显凸起的细油点且密被短直毛。叶互生，奇数羽状复叶，具小叶 5~11 片。小叶卵形或卵状椭圆形，长 6~13 cm，宽 2~6 cm，顶端短尖，基部近圆形或宽锲形，边缘波浪状或有圆裂齿。圆锥花序顶生，花蕾圆球形，具 5 条稍凸起的纵脊棱。花萼裂片椭圆形，白色小花，花瓣长圆形，有芳香。果实圆形、椭圆形或阔卵形，淡黄至暗黄色，被细毛，果肉半透明乳白色，有种子 1~4 粒。花期 4~5 月，果期 6~8 月。

分布 中国广东、海南、广西、台湾、贵州、四川、云南。世界热带及亚热带地区间有引种。

生长习性 喜阳光充足，喜高温高湿，生长适温约为 20~30 ℃。对土壤不严，但以排水良好、湿润的砂质壤土种植最佳。

用途 果可生食，或制成果酱，富含维生素C、糖、有机酸及果胶，但因黄皮为凉性水果，体质偏寒者不宜食用。也可药用，果有消食、顺气、除暑热功效；根、叶及果核（即种子）有行气、消滞、解表、散热、止痛、化痰功效；亦可治疗腹痛、胃痛、感冒发热等症状。生性强健，适作园景树、诱鸟树。

繁殖栽培技术 采用播种或嫁接繁殖。

播种： 于春季进行为宜。苗床从东向西排列，长 10 m、宽 1.2 m、高 15~20 cm，苗床间留宽 0.5 m 的排水沟，每苗床施腐熟有机肥 200 kg、火烧土 100 kg、磷肥 2 kg。将催芽后的种子按粒距 3~4 cm 撒播于苗床之上，覆盖厚约 1 cm 的细肥土或细河沙后浇水，以不露种芽为宜。覆膜直至种芽出土，播后约 12 天即可陆续出苗。

嫁接： 砧木种子播种后的来年清明前后，幼苗长至 15~20 cm、叶片老化后，按株行距 10 cm×15cm 移植至育苗地上，约 6 个月后、砧苗茎粗 0.5~1.0 cm 时即可嫁接。嫁接于春季（1~3 月）或秋季（9~10 月）进行，苗木直径小于 1 cm 且不易剥皮的可采用劈接或切接法，直径大于 1 cm 且易于剥皮的可用芽片贴接法。接穗选取品种纯正、性状稳定、品质优良的健壮母株树冠外围中上部生长健壮、芽眼饱满的枝条。为促进接口愈合，嫁接 30 天内不浇水；接后 20~25 天及时摘除砧木萌蘖。苗木成活后，每隔约 30 天浇施 1 次 0.2 % 的复合肥液或尿素液。苗高 40~50 cm 时即可出圃。

定植： 选择水源充足且疏松透气的地块，按株行距 3 m×3 m 或 2 m×3 m 定植，70~100 株/hm²，3~4 月进行最佳。定植前挖好长、宽、深为 1 m×1 m×0.8 m 的种植穴，杂草、土杂肥与适量石灰混匀后回坑，有条件的可再穴施充分腐熟有机肥 15~20 kg、复合肥 1 kg。因黄皮根系入土浅、不耐积水，种植不宜过深。

日常管理 定植成活后 1 个月的幼年树施肥采用"勤施薄施"原则，每次新梢萌芽和新梢转绿后施肥，以氮肥为主，适当加入磷钾镁肥。成年结果树施肥以氮钾肥为主，辅以施加磷钙镁肥。催花肥、壮花肥，于春梢萌发前或抽花穗前，施复合肥 0.5~1.0 kg/株；壮果肥，于果实膨大期施 1~2 次肥；促梢肥，于采果后重施，促进秋梢生长，9~10 月再施加 1 次尿素，促发晚秋梢的抽生。结果树施肥在每年的冬季。采果后短截过长、过强的结果枝，并剪除病虫枝、阴枝、过密枝。因黄皮为浅根系且喜氧、不耐旱，故在保湿的同时严防地面积水，采收果实后的秋季萌芽期以及旱期注意及时浇水。

病虫害防治 以"预防为主、综合防治"为原则，做到采后修剪、及时清理种植地。主要虫害为黄皮木虱、介壳虫、白蛾蜡蝉、蚜虫，可选用 40% 速扑杀 800~1000 倍液、20% 灭扫利乳油 2000 倍液等药剂进行防治。主要病害为炭疽病、霜疫霉病、梢腐病、煤烟病，可选用 50% 多菌灵 600~800 倍液、25% 代森锌 400 倍液、70% 甲基托布津 1000~1500 倍液、58% 瑞毒锰锌 600~800 倍液等进行防治。疏果后对果实进行套袋，也可减少果实病虫害。

采收与留种 6~8 月，采收充分成熟并着色的果实，采收时从果穗基部以下 3~5 cm 处剪下，宜轻采轻放。

6~8 月，选取优良母株上充分成熟的无病虫害的种子，采后用清水或 40 ℃ 的温水浸泡 12~24 h 后挤出种子，清水洗净种子上附着的胶质，干燥后储存。

61. 龙眼

别名： 圆眼、桂圆、羊眼果树
Dimocarpus longan Lour.
无患子科，龙眼属

形态特征 常绿乔木，高约10 m。树皮粗糙，呈块状开裂。偶数羽状复叶互生，小叶4~5对，薄革质，长圆状椭圆形至长圆状披针形，长6~15 cm，宽2.5~5 cm，叶面深绿色，有光泽，叶背粉绿色，两面无毛。大型圆锥花序顶生或腋生，多分枝，密被星状毛。花梗短。萼片近革质，三角状卵形，两面均被褐黄色茸毛和成束的星状毛。花瓣乳白色，披针形，杂性。核果球形，通常黄褐色或有时灰黄色，熟时果皮壳质。种子茶褐色，光亮，全部被肉质的假种皮包裹。花期3~4月，果期7~8月。

分布 中国华南、西南等地。东南亚、印度、大洋洲、马达加斯加、美国等地。生于低海拔山地季雨林中。

生长习性 需阳光充足，喜温暖、湿润环境，不耐寒。对土壤适应性强，但以土层深厚、排水良好、pH为5.4~6.5的砂壤土种植为佳。

用途 果可食用，假种皮富含维生素和磷质；种子含淀粉，经适当处理后，可酿酒。亦可药用，性温，味甘，具有补益心脾、养血安神的功能，主治气血不足、心悸不宁、健忘失眠、血虚萎黄等症，以及中老年虚弱、高血压、高血脂和冠心病等。木材坚实，甚重，暗红褐色，耐水湿，是造船、家具、细工等的优良木材。因其有板根，可用来作行道树，或作庭园绿化树。也可用来造林。

繁殖栽培技术 采用播种、嫁接或扦插繁殖。种子寿命短，除去果壳后即行播种。栽培品种用嫁接繁殖。

播种 挑选粒大饱满的种子，在水中浸泡约2天、外壳软化后，每天换水直至种壳基本脱落并露出小芽尖。取出种子，芽尖向上埋于透气的园土、泥炭土或营养土中，上覆薄土、轻轻压实。此后每天喷水2次，土壤微微浸湿为宜。半个月后适时进行光照。

嫁接：应按照"接穗-截砧木-削接芽-开接口-放接芽"的顺序进行嫁接。接穗芽眼下方削成较短削面，反面削成2.5~3.0 cm的长削面，于芽眼上方约1 cm处截断即可接芽。接穗插入砧木形成层后使用塑料薄膜将接芽固定，至下而上扎紧接芽以及砧木切口切面。14天后进行抹芽，将1:1的盐水溶液涂抹在芽苗伤口处，此后定期检查砧木，约每隔7天涂抹1次抽枝水；嫁接20天后，检查嫁接成活情况，若接穗较干枯，接芽逐渐变黑，则需补接。

扦插：春、夏、秋3个季节皆可进行，采用再生能力强、枝条所含抑制生根物质较少的10年以下幼龄母树长的老熟秋梢作为插条，扦插时插条上仅留1片单叶。培养基质选择疏松、持水且透气性良好的砂土。

定植：春季2~3月或秋季9~10月进行。选择坡度约为25°的地块，按株行距5 m×5 cm定植，定植密度为30株/hm^2，坡度较大地块可适当加大种子密度。定植前挖好长85 cm、宽85 cm、深65 cm的定植穴，施入10 kg绿肥、0.6 kg生石灰作底肥，有条件的可增施26 kg有机肥，回穴后上层覆12~16 kg腐熟肥。

日常管理　定植2个月后，挖85 cm×65 cm×65 cm的穴施肥；第2次新枝梢出现时进行追肥，施肥量为25 g/株；每年12月施入适量的过冬肥。第2年施肥量需比第1年增加一半以上。此外，花芽分化前后按一定氮磷钾比例施肥，氮钾肥施入量为全年的30 %，磷为40 %；雌花凋谢后可施加2次壮果肥，其中氮为全年施肥量的26 %、钾42 %、磷32 %。地势不平地块可进行喷灌或滴灌，保证抽生期、花芽分化期、抽穗期、盛花期以及果实生长发育期供水充足。一般中午不可浇水，降水量较多时注意排水。

病虫害防治　主要虫害为荔枝蝽蟓，可在3~5月用敌百虫800~1000倍液或20 %杀灭菊酯2000~8000倍液连喷2~3次进行防治，或采用平腹小蜂在荔枝蝽蟓产卵初期放蜂，每隔10天放1次，连放3次；可在每年3月上旬龙眼花穗抽生期，喷施敌百虫500~800倍杀虫。主要病害为霜霉病、立枯病，可分别喷施50 %多菌灵1000倍液或0.5 %波尔多液进行防治。

采收与留种　7~8月果实由长圆形变为扁圆形且呈黄褐色时采摘。供储藏运输的果实应在果实成熟度达到85 %~90 %时采收；鲜食或当地销售龙眼应在完全成熟后采摘。

7~8月采摘品种优良的健壮母株上完全成熟且无病虫害的果实，取出种子，种子寿命短，除去果壳后即行播种。

无患子科

62. 荔枝

别名：离枝
Litchi chinensis Sonn.
无患子科，荔枝属

形态特征 常绿乔木，高 3~10 m。树皮灰黑色，小枝圆柱状，褐红色，密生白色皮孔。小叶 2 或 3 对，稀 4 对，薄革质或革质，披针形、卵状披针形或长椭圆状披针形，长 6~15 cm，宽 2~4 cm，顶端骤尖或尾状短渐尖，全缘，叶面亮绿有光泽，叶背粉绿色。花序顶生，阔大，多分枝。花梗纤细，萼被金黄色短茸毛，花绿白色或淡黄色。果卵圆形至近球形，长 2~3.5 cm，核果果皮暗红，密生瘤状凸起。种子褐色发亮，为白色多汁肉质甘甜的假种皮所包。花期春季，果期夏季。

分布 中国广东、广西、福建、四川、云南。亚洲东南部也有栽培，非洲、美洲和大洋洲都有引种的记录。

生长习性 喜光向阳，喜高温，湿润环境利于植株生长。花芽分化期要求相对低温，但在 −2 ℃下会遭受冻害。

用途 果实可食，富含葡萄糖、蔗糖、蛋白质、脂肪、叶酸、精氨酸、色氨酸以及维生素 A、B、C。也可药用，具有健脾生津、理气止痛之功效，适用于身体虚弱、病后津液不足、胃寒疼痛、疝气疼痛等症状；核入药为收敛止痛剂，治心气痛和小肠气痛。木材坚实，深红褐色，纹理雅致，耐腐，历来为上等名贵木材。树形开阔,枝叶茂盛,果色红艳,是优良的观果树,宜列植、群植作园景树、行道树等。

繁殖栽培技术 采用播种或高压繁殖。

播种: 播种前进行催芽,将种子放于厚3~5 cm的湿沙上,不可重叠,上覆厚5 cm的稻草,此后经常浇水保持稻草湿润,4~5天后胚根露出即可播种。按株行距18 cm×12 cm开深3 cm的播种沟,播种后覆土2 cm,浇水。

高压: 选择高产稳产优质、品种性状优良的壮年结果树为母株,选择母株树冠上部直径约2 cm的3~4年生、健壮无病害的枝条进行环剥,两刀相隔约3 cm,深至木质部,去除两刀间的皮层,刮净剥口木质部的形成层。剥皮后晾干1周,待愈伤组织瘤状物形成后进行包扎生根。包扎前于伤口处涂上500~1000 mg/L吲哚乙酸或萘乙酸,促进发根。

定植: 一般在2~4月定植,清明前后种植最易成活,6~7月雨季结束前或秋季有雨水时也可定植。每穴施绿肥10~20 kg、普钙或钙镁磷1 kg、生石灰1 kg,肥土混匀,去除杂物后按顺序回填,使底土高于穴面20 cm,待回穴肥土下沉,1个月后可定植。选择主干直径大于2 cm、嫁接口离根颈25~35 cm且愈合良好的苗木定植。裸根苗定植时,将根系分层压实;圈枝苗或带土苗定植时,需先在定植点上挖30 cm×30 cm的小穴,浇湿土壤,搅拌穴土使之变成浓稠的泥浆,将苗木种于泥浆中。浇透定根水,待水下渗后再盖土压实,此后注意防涝防晒。栽培时注意搭配不同品种,以利授粉。

日常管理 定植第2年开始进行剪枝,仅留下3~4枝分布均匀、与主干成约45°角的健壮枝干,促使植株生长为矮干多枝的半圆头形树冠。定植约1个月后开始施肥,枝梢顶芽萌动时施入以氮肥为主的速效肥,促使新梢及新叶生长;新梢生长基本停止、叶色由红转绿时,施入第2次肥,促使新梢转绿、枝干粗壮;新梢转绿后施入第3次肥,加速新梢老熟。定植后第1年树小根少,每株每次用复合肥25 g、尿素约15 g、氯化钾10 g、过磷酸钙50 g混合施用,每年喷施叶面肥5~6次;产果期所需施肥量占整体的30%~40%,约每隔15天反复施用叶面肥;生长末期氮磷钾肥需求量不可增加。荔枝不可缺水,幼年期根系较浅,需及时浇水保湿,遇大雨时适当下沉植株。

病虫害防治 主要虫害为荔枝椿象、荔枝蒂蛀虫。对于荔枝蝽蟓,可在期早春产卵期放平腹小蜂,或在3~4月交尾时喷施4.5%高效氯氰菊酯乳油800~1000倍喷湿树冠;荔枝蒂蛀虫,在其成虫羽化初期到盛发期喷施25%杀虫双500倍混合90%晶体敌百虫800倍液施用。主要病害为霜疫霉病、荔枝炭疽病,可分别用58%瑞毒锰锌可湿性粉剂600倍、70%甲基托布津可湿粉剂1000倍防治。

采收与留种 夏季于晴天早晨或阴天、多云天气采收。采收时应从外到内、从上到下采果,采后果实迅速移入阴凉处散热并去除病虫害果、机械损伤果,要求采后6 h内包装、预冷、入冷库贮藏。

4~7月,选取品种优良的健壮母株上充分成熟的果实,取出籽粒后洗净备用。种子不可长时间放置。

63. 芒果

别名：马蒙、抹猛果

Mangifera indica L.

漆树科，芒果属

形态特征 常绿乔木，高 10~20 m。单叶互生，常聚生枝顶，薄革质，叶的形状和大小变化较大，通常为长圆状披针形或长圆形，长 12~30 cm，宽 3.5~6.5 cm，先端渐尖或急尖，基部楔形或近圆形，边缘皱波状；侧脉 20~25 对，斜升，两面突起。圆锥花序顶生，长 20~35 cm，尖塔形，多花密集；苞片披针形，长约 1.5 mm；花小，杂性，黄色或淡黄色；萼片 5，卵状披针形；花瓣 5，长圆形或长圆状披针形。核果大，卵圆形、长圆形或肾形，外果皮成熟时黄色。花期春季，果期夏季。

分布 中国华南地区广泛栽培。原产印度、孟加拉、中南半岛和马来西亚，世界热带、南亚热带各地广为引种栽培。

生长习性 喜光，喜高温多湿气候，可抗风、抗大气污染。最适生长温度为 25~30 ℃，低于 10 ℃时，叶片、花序停止生长。对土壤要求不严，但以土层深厚、排水良好且地下水位低于 3 m 的微酸性壤土或砂壤土种植为佳。

用途 素有"热带果王"之称，与香蕉、菠萝并称世界三大名果，可制罐头和果酱或盐渍供调味，亦可酿酒，富含糖、蛋白质、粗纤维、脂肪以及维生素 A、C。果、果核，止咳、健胃、行气，用于咳嗽，食欲不振，睾丸炎，坏血病；叶可止痒。树冠球形，常绿，郁闭度大，为热带良好的庭园和行道树种。

繁殖栽培技术 采用播种或芽接法繁殖。

播种：于 6~7 月进行。播种前须将种子进行剥壳处理，剥壳时因注意保持胚芽完整，否则将影响种子发芽。按株行距 15 × 10 cm 播种于荫蔽度为 50%~60% 的沙床上，播时种仁直立，采取三角形定植法，种脐向下，覆土厚 2 cm。播后每隔 1~2 天浇水 1 次，约 7 天后发芽。

芽接：周年可行，但以 3 月和 8~10 月为佳，应避开高温干旱或阴雨寒冷天气。选择地势

平坦、向阳避风且排水良好的地块作为苗圃，翻耕细碎后，做规格为 10 m×1 m×15 m 的苗床。砧木多选用播后 6~8 个月、茎粗 1~1.2 cm 的实生苗，剪取优良结果母树上健壮无病虫害的 1~2 年生、未开化结果的枝条，补片芽接。芽接 20~30 天后，接口愈合即可解绑。若 3~5 天后芽片依然鲜绿，则表示成活。

定植：选择临近水源且不易板结的地块，平地按 4 m×4 m 定植，坡地按 3 m×3.5 m 定植，可于 8~10 月的下雨天或阴天进行。定植前 1 个月挖底宽 60 cm、深 70 cm、宽 80 cm，施入适量钙镁磷肥。栽培幼苗可浸泡适宜浓度的生根粉后定植，浇透定根水，压实土壤后再覆地膜。

日常管理 幼树施加 1∶2∶1 的磷氮钾肥，有条件的可每年施 5~6 次有机肥，每次每株施有机肥 10~15 kg，并加 50 g 化肥，促进枝条生长。此后根据树体大小对结果树施加果后肥、谢花肥、催花肥以及壮果肥，于开花前一个月的花芽分化期施加氮、钾肥，开花时期施加氮肥。结果树可每年施肥 3 次。定植后需保持土壤湿润直至苗木成活，夏秋之间可用高秆覆盖；此后遇干燥时进行适当灌溉，多雨季节注意排涝。栽培期间注意除草以及翻耕改土，保证 1 年深翻至少 2 次。定植后幼苗长至 80~90 cm 时，开始定干整形。

病虫害防治 主要虫害有柑橘小实蝇、天牛、横纹尾夜蛾，前两者可用 26% 灭扫利、41% 乐斯本乳油进行防治，后者喷施相应浓度的毒死蜱乳油进行防治。主要病害有流胶病和白粉病等真菌性病毒以及细菌性角斑病，可用 71% 甲基托布津、64% 代森锌、29% 氧氯化铜对真菌性病害进行防治，细菌性病害可选用农用的链霉素和 29% 氧氯化铜进行防治。

采收与留种 夏季，当果实饱满、肉色变黄、种壳变硬、果肩浑圆时采收，于上午 9 点至下午 3 点进行最佳。采收时保留 2~3 cm 的果柄，应轻采轻放，采后果实于阴凉处平放。

选取优良品种、性状稳定、高产健壮的母株上充分成熟且无病虫害的果实，去除果肉后阴干，可于沙子和湿麻袋中储藏，其中用聚乙烯袋加木炭是保持种子活力的最好储存方法。

64. 白簕

别名：白簕花、三加皮、鹅掌簕、三叶五加
Acanthopanax trifoliatus (L.) Merr.
五加科，五加属

形态特征 常绿攀缘状灌木，高 1~7 m，疏生下向刺。小叶 3，稀 4~5，互生，纸质。椭圆状卵形至椭圆状长圆形，长 4~10 cm，宽 3~6.5 cm，先端尖，基部楔形。两侧小叶片基部歪斜。伞形花序一般 3~10 个组成顶生复伞形花序或圆锥花序，直径 1.5~3.5 cm。花黄绿色，花瓣 5，三角状卵形，开花时反曲。果实扁球形，直径约 5 mm，黑色。花期 8~11 月，果期 9~12 月。

分布 中国广东、广西、江西、福建、台湾、湖南、贵州、云南。

生长习性 喜温暖，亦耐寒，生存能力强。适宜生长在气候温暖，雨量充沛，水热条件变化大的环境中。

用途 营养价值高，香味独特，主要用来炒食、作汤、凉拌或制茶。全株入药，有清热解毒、祛风除湿之效。

繁殖栽培技术 采用播种或扦插繁殖。

播种：白簕种子有休眠期，播种前需打破休眠期以提高萌芽率。可在秋季采收种子后第 2 年播种前，将种子进行 35~45 天的湿沙层积处理。播种后浇 1 次透水，常保持土壤的湿润。

扦插：8 月最适宜扦插。采集生长充实、半木质化的嫩枝，剪成 15 cm 长的插条，保留 2~3 个饱满腋芽。保持上平下斜，切口光滑，距腋芽 1~2 cm，下切口位于腋芽对面，插条只留 1 片小叶。可以采用 200 mg/L 的 NAA 浸泡插条 0.5 h 的方法，促进其生根。将插条 1/3 斜插入腐殖土，浇透水后盖上薄膜保温、保湿。每天视土壤干湿情况喷水，同时采取揭棚通风的方式促进生根。约 20

天后生根，去掉薄膜，每 10 天喷施 1 次含 5 % 尿素和 0.3 % 磷酸二氢钾的混和溶液，结合轻剪，可以促进生根和增加嫩茎叶的生物量。

定植： 选择有一定郁闭度的地块，按株距约 1 m 定植，适宜在春季萌芽前的阴天或傍晚进行。定植前挖好直径为 30 cm、深 25 cm 的定植穴，定植后夯实基部土壤，浇透水。

日常管理 白簕是喜肥植物，每年需进行 2 次施肥。第 1 次在返青后距植株 20 cm 的地方挖 6 cm 深的小坑，每株施尿素或磷酸氢二铵 0.1~0.2 kg。第 2 次在 9 月初，开 10 cm 深的条沟施肥，有条件的可每亩施 3000 kg 的有机肥。枝条密度大和枝上有刺使得施肥难度较大，可选择在采收后进行。旱季需及时浇水，雨季种植地积水时需尽快排除。

病虫害防治 病害有炭疽病、立枯病、锈病、白粉病和煤污病等。虫害有蚜虫、螨类、疥虫和线虫等。可以事先对栽培介质进行消毒，合理安排种植密度，加强种植地管理，增施磷钾肥，使幼苗健壮，增强抗病能力等。发现病害时将病株残体彻底清除并集中销毁，减少侵染源，浇水时避免当头淋浇等。

采收与留种 嫩梢和嫩叶在春季随时采收。

留种在果实由绿变红最后成黑褐色时，可进行分批采收，之后立即用清水浸泡果实 48 h，用手搓法除去果皮果肉得到种子。种子受潮易变色，应置通风干燥处，注意防霉、防虫蛀。

65. 刺芫荽

别名： 刺芹、香菜、野香草

Eryngium foetidum L.

伞形科，刺芹属

形态特征 二年生或多年生草本，高 11~40 cm 或更高。茎粗壮无毛，有数条槽纹，上部有 3~5 歧聚伞式的分枝。基生叶披针形或倒披针形不分裂，革质，基部渐窄，叶鞘膜质，边缘有锯齿，近基部的锯齿呈刚毛状。叶面深绿色，叶背淡绿色，两面无毛，羽状网脉。叶柄短，基部有鞘可达 3 cm。茎生叶着生在每一叉状分枝的基部，对生，无柄，边缘有深锯齿，顶端不分裂或 3~5 深裂。头状花序生于茎的分叉处及上部枝条的短枝上，呈圆柱形，无花序梗。花瓣与萼齿近等长，倒披针形至倒卵形，顶端内折，白色、淡黄色或草绿色。果卵圆形或球形，表面有瘤状凸起。花果期 4~12 月。

分布 中国多省区。南美东部、中美、安的列斯群岛以及亚洲、非洲的热带地区也有分布。

生长习性 在阴坡潮湿环境中生长茂盛，但其对土壤适应性较强，贫瘠土种植还可增强其特殊香味，适宜土壤 pH 为 5.5~7。

用途 叶、茎食用，香料气味同芫荽，富含维生素 C、维生素 B_2、胡萝卜素。全草药用，辛、微苦，温，疏风清热，行气消肿，健胃，止痛，用于感冒、胸脘痛、泄泻、消化不良，外用于蛇咬伤、跌打肿痛。

繁殖栽培技术 采用播种或分株繁殖。

播种： 播种量为 120~150 g/hm^2。因种子细小，可与 5 kg 草木灰混匀后，分 2~3 次均匀撒于种植地面。播后用过筛有机肥盖种，厚约 1 cm，按压地面，使种子与土壤充分接触，覆稻草，均匀浇透水。3~10 月均可分批播种，少量出苗后，逐渐减少稻草覆盖量，直至 5 天后全部揭除，以利于小苗生长。播种 15 天后以喷壶浇水为主，保持土壤湿润。苗期注意清

除地面杂草，拔草时按住杂草根部，可保持地面完整并保护小苗。因苗期生长缓慢，最好采用营养钵育苗，长有4~5叶后定植。

分株：剪断母株匍匐根茎上发出的侧芽和须根后，进行移栽。

定植 选择通风透光、排灌方便的平地，按株行距30 cm×20 cm定植，一亩种植约1万株。种植前撒施磷肥50~70 g、3%敌克2~3 g/m²，有条件的可增施腐熟有机肥1300~1500 g，肥土混匀，除杂后平整种植地面。定植后及时浇灌定根水，以确保成活。

日常管理 长有2~3片叶时，可在晴天早晨或下午，薄施氮肥。此后每15天用0.2%磷酸二氢钾液喷洒叶面。每次间苗后，用0.5%~1%的尿素或复合肥液交替浇施苗株，并用85%赤霉素920结晶粉1袋+叶面肥20 g兑水15 kg对植株进行喷雾，以加快苗株生长，使叶片肥厚嫩绿。

病虫害防治 抗病抗逆性极强，未见病虫危害。播种后土壤潮湿，会有蛞蝓、蟋蟀、蝼蛄等拱土危害地面，可用6%密达或梅塔颗粒剂1~2 g/m²诱杀，也可用90%的敌百虫500倍液拌入细碎菜叶或炒熟米糠，加入少许糖液，于傍晚投放四周毒杀。

采收与留种 播种后6~9周即可采收，采收时连根挖起，去除泥土杂质及老黄叶片，洗净后捆把。

开花后40天可采收种子，因种子极小易被风吹散，采种时可连花茎剪下，晾干，揉搓筛净后装袋，放置阴凉处储藏备用。

66. 人心果

别名： 吴凤柿、赤铁果、奇果
Manilkara zapota (L.) Van Royen
山榄科，铁线子属

形态特征 常绿乔木，高 15~20 m。小枝有明显叶痕。叶互生，密聚于枝顶，草质；两面无毛，具光泽；长圆形或卵状椭圆形，长 6~19 cm，宽 2.5~4 cm，基部楔形，全缘；中脉在叶背凸起。花 1~2 朵腋生枝顶。花冠白色，长约 6~8 mm，裂片先端有不规则的细齿，背部两侧有 2 枚等大的花瓣状附属物。浆果纺锤形、卵形或球形，褐色，果肉黄褐色，种子扁。花果期 4~9 月。

分布 中国广东、广西、云南有栽培。原产热带美洲地区。

生长习性 喜光，喜高温多湿，不耐寒，耐旱，耐贫瘠和盐碱，忌涝，种植地排水需良好，喜深厚肥沃的砂质或黏质壤土。枝条脆易折，需避开风口种植。

用途 果可鲜食，味甜可口，营养价值高。同时可制成鲜果汁、罐头、果脯、果酱等。种子、树皮和根可入药，用于治热症。

繁殖栽培技术 采用播种、压条和嫁接繁殖。优良植株可用嫁接繁殖。

播种： 4~5 月是最好的种植时间，适当施加磷肥。播种前用 0.01%~0.05% 的 GA_3 浸种 24 h 可促进种子的萌发。播种后浇足水，适当覆盖稻草等，保持土壤湿润，同时避免土壤板结现象的出现。

压条：需在春季气温回升至 20 ℃ 以上时进行，将 1~2 年生枝条按 3~4 cm 宽度环剥，之后用稻草沤制的肥土包扎，注意经常保持土团的湿润，2 个月左右可形成新根。

嫁接：3~10 月均可嫁接，4、5、6 和 9 月嫁接成活率高。选 2 年生的实生苗作砧木，采用切接的方法。

定植：选择向阳背北、土层深厚、不积水、避风、冷空气少的地块，按株行距 5 cm×

6 cm 定植。定植前挖好长宽深皆为 60 cm 的定植穴，施足基肥。定植后及时浇透定根水，可适当覆盖稻草以保湿。栽后 4~5 年即可结果。

日常管理　幼树需每 2~3 个月追肥 1 次。冬季需施 1 次基肥。春夏季追肥以氮肥为主，配合施磷钾肥。其中氮磷钾的比例为 1∶1∶0.8，300~400 g/株。5 年后人心果成林后每年需施肥 3 次，在 3、9 月下旬分别施 1 次，2~2.5 kg/株。1 月需施冬肥 1 次，30 kg/株。人心果耐旱能力较强，可选择在长期干旱时大量浇水，有利于植株的生长和产量的提高。植株不耐涝，雨季需进行排水防涝。幼树每 7 天需浇水 2~3 次，在 7~9 月，需防止干旱，定期进行浇水。适时进行中耕除草。幼树需打顶，以促侧枝生长。冬季可结合种植地清理，剪除病虫枝以及枯枝。如果实过多，可适当疏除，确保丰产稳产。

病虫害防治　主要有蚜虫、叶斑病及炭疽病等。优先采用生物防治和物理防治。化学防治可以是喷施松碱合剂防治蚜虫。在叶斑病发病前期用 70 % 甲基托布津 800 倍液或是 75 % 的百菌清进行喷雾防治。用 70 % 甲基托布津 800 倍液、85 % 百菌清 800 倍液或是 40 % 灭菌威 400 倍液进行防治炭疽病。

采收与留种　人心果几乎整年开花结果，可多次采收。待果皮黄褐色，当割破果柄乳汁减少但果肉还硬时采收。贴近果基部剪断果柄，选择合适的果篮并用纸逐层分离，在较低温下贮藏。

9~10 月果实成熟后采下，剥去果肉取出种子阴干，阴干后备用。

67. 酸藤子

别名：信筒子、甜酸叶、咸酸果
Embelia laeta (L.) Mez
紫金牛科，酸藤子属

形态特征 攀缘灌木或藤本，长1~3 m，幼枝无毛，老枝具点状皮孔。叶坚纸质，倒卵形或长圆状倒卵形，长3~4 cm，宽1~1.5 cm，顶端圆形，基部楔形，全缘。总状花序3~8朵花，侧生或腋生于翌年无叶枝上。花4数，长约2 mm。花瓣白色或浅黄色，分离，卵形或长圆形，里面密生乳头状凸起，具腺点。花萼基部1/3~1/2连合，萼片卵形或三角形，通常具腺点。果球形，直径约5 mm，光滑。花期12月至翌年3月，果期4~6月。

分布 中国广东、广西、江西、福建、台湾、云南。越南、老挝、泰国、柬埔寨也有分布。

生长习性 喜温暖、湿润、荫蔽的环境，自然生长于山坡疏林、密林下，疏林缘或开阔的草坡、灌木丛中。在富含腐殖质的土壤中长势良好。

用途 果可鲜食。根茎、叶和果实均可入药，具有补血、抗炎、清热解毒、滋阴补肾、敛肺止咳等功效。

繁殖栽培技术 采用播种或压条繁殖。

播种：夏季成熟果实进行采收后，除去果皮，种子洗净晾干后可播种或是采用低温层积沙藏的方法贮存。秋季适宜播种。选择透气良好的地块，播种前进行整地，施基肥。播后立即浇1次透水，有条件可以采取遮阴措施，时常进行喷水，保持一定的空气湿度。当植株长到10 cm以上时即可定植。

压条：采用单枝压条法。选择植株近地面的

1或2年生、生长健壮的枝条，在准备生根部分刻伤或环剥，接着将枝条弯曲埋入土中。沟深15~20 cm，近母株一侧保持斜面以使枝条和土壤更好的接触，对侧是垂直面，可以引导新梢垂直向上生长。顶端露出地面，可用钩状树叉或是铁丝固定。压条后保持土壤湿润，时常检查埋入的枝条是否露出地面。同时不要触动被压部位，以免影响生根。待有良好的根系后可和母株分离，成为独立的植株。应注意新植株的日常管理，可结合整形适量的剪除部分枝叶，及时定植。及时浇水，做好遮阴工作。

定植：当幼苗长至10 cm以上时进行定植。按株行距1.5 m×1.5 m定植，每穴用1kg腐殖质作基肥，与土壤混匀，栽植后夯实基部土壤，浇透定根水。

日常管理 生长期间每2~3个月施肥1次。开花后增施1~2次磷钾肥。酸藤子喜湿润环境，需时常保持一定的土壤和空气湿度，视天气情况合理地进行浇水，干旱时及时浇水，雨季减少浇水或是不浇水。

病虫害防治 以预防为主，注意日常管理。合理施肥、浇水，适时修剪整枝，去除枯枝病叶，保持良好的通风环境，减少病源。发现病害时，及时喷洒药物，注意药物喷洒的种类和周期。

采收与留种 夏季果实成熟后可采收。

留种时需去掉果肉，取出种子，洗净，晾干，用塑料袋密封贮藏。

68. 海滨木巴戟

别名：海巴戟天、海巴戟、橘叶巴戟
Morinda citrifolia L.
茜草科，巴戟天属

形态特征 灌木至小乔木，高 1~5 m。茎直立，枝条近四棱柱形。叶交互对生，长圆形、椭圆形或卵圆形，长 12~25 cm，无毛，全缘。叶脉两面凸起，中脉上面中央具一凹槽，下面脉腋密被短束毛。托叶生叶柄间，每侧 1 枚。头状花序每隔 1 节 1 个，与叶对生，具长约 1~1.5 cm 的花序梗。花多数，无梗，花冠白色，漏斗形，长约 1.5 cm，喉部密被长柔毛，顶部 5 裂。裂片卵状披针形。聚花核果浆果状，卵形，幼时绿色，熟时白色。径约 2.5 cm，果柄长约 2 cm。种子小，扁，长圆形，下部有翅。花果期全年。

分布 中国台湾、海南岛及西沙群岛等地。自印度和斯里兰卡，经中南半岛，南至澳大利亚北部，东至波利尼西亚等地区及其周边海岛皆有分布。

生长习性 喜光，喜高温多雨气候。不耐低温干旱，适宜年均温度为 21~27 ℃，遇 5 ℃ 低温叶片发黄，温度再低则叶片转黑。生长需较多水分。可生长于海边泥滩、冲积壤土和砖红壤土，适宜 pH 为 7。

用途 果可食用，富含生物碱和多种维生素。根、茎药用，可抗病毒，对哮喘等呼吸道疾病、糖尿病、肾炎、关节炎、月经失调、高血压、心肌梗塞等具有疗效。树干通直，树冠优雅，可用于庭园绿化。

繁殖栽培技术 采用播种繁殖。

播种：播种前先温水浸种，促进种子萌发。选用透气性、保水性良好的河沙 + 泥炭土作为播种基质。

定植：选择排水良好的地块，除杂翻耕后，于雨季初期定植。定植前按 2 m×2 m 的株行距挖 50 cm×50 cm×40 cm 树穴，每穴施放钙镁磷肥 100 g，有条件的可增加有机

肥 5~10 kg，与表土拌匀后回穴。定植时若苗木根系受伤，可通过剪叶提高成活率。

日常管理 喜大水大肥，成活后在生长季节每月施 1 次复合肥，施肥量视幼树大小控制在每株 5~20 g。在生长良好的情况下，第 2 年春即可现蕾结果。保持土壤的湿润，干旱时多浇水，雨季少浇水或不浇。幼苗期缺水可导致死亡，采收期缺水则影响产量。

病虫害防治 主要病害为轮纹病，可通过冬季清洁种植地、合理密植、加强水肥管理来预防病害的发生；也可于 7 月下旬开始喷 70 % 万霉灵 600 倍液、50 % 多菌灵 500 倍液或 50 % 代森锰锌 600~800 倍液等药剂进行防治。主要虫害为海巴戟天蛾和海巴戟褐软蚧。海巴戟天蛾可在成虫发生期用黑光透杀，卵盛期人工摘除虫卵，高龄幼虫时人工捕捉，为害严重时用 90 % 敌百虫晶体 1000 倍液喷雾进行药剂防治；海巴戟褐软蚧可通过保护利用天敌瓢虫、剪除虫枝或刷除虫体来防治；也可在卵孵化期用 50 % 马拉硫磷 1500 倍液喷雾进行药剂防治，但注意均匀喷洒在叶背。

采收与留种 全年均可采收，果实熟后即摘。
采收优良母株上的成熟、无病害果实，取出种子后洗净晾干，备用。

69. 野菊

别名：油菊、山菊花、野黄菊
Dendranthema indicum (L.) Des Moul.
菊科，菊属

形态特征 多年生草本，高 0.25~1 m。茎直立或铺散，被疏毛。基生叶和下部叶在花期脱落。中部茎叶卵形、长卵形或椭圆状卵形，长 3~10 cm，宽 2~7 cm，羽状半裂、浅裂或分裂不明显而边缘有浅锯齿。头状花序，多数在茎枝顶端排成疏松的伞房圆锥花序或少数在茎顶排成伞房花序。舌状花黄色，舌片长 10~13 mm，顶端全缘或有 2~3 齿。直径 1.5~2.5 cm，总苞片约 5 层，全部苞片边缘白色或褐色宽膜质。瘦果。花期 6~11 月。

分布 几遍全中国。印度、日本、朝鲜、俄罗斯也有分布。

生长习性 喜阳光充足、干燥、通风良好的环境。耐寒，耐旱。喜富含腐殖质、疏松、肥沃、排水良好的土壤。

用途 嫩茎叶可炒食或炖汤。叶、花及全草均可入药。清热解毒，疏风散热，有散瘀、明目、降血压的功效。园林中可作为地被植物。

繁殖栽培技术 采用分株和扦插繁殖。

分株：越冬期间，割去采摘后的健壮植株的地上茎秆，适当培土培肥。来年 4 月中下旬，新苗长至 15~20 cm 时，将全苗挖出，选择带白根的健壮无病害母株，作种苗种植。

扦插：3~4 月雨水充足时适宜扦插，成活率高。插条采用中部的枝条，扦插前用 0.04 %NAA 浸泡插条底部 20 min。基质配方为 2∶1 的河沙和腐殖土。插条插入基质 2 cm，插后需保持土壤湿润，覆盖新高脂膜，减少水分蒸发，防止病菌侵染。同时采用遮阳网遮阴，

15天左右成活。

定植：选择向阳、地势平坦且交通方便的地块，精细整地后，按株行距30~50 cm进行定植。分株幼苗可以在4月中下旬直接定植，扦插苗在5月中下旬至6月中下旬进行定植。定植适合在傍晚或雨后土壤湿润时进行，每穴栽种壮苗1棵、弱苗2棵。种植时，将植株根部全部埋入土中，但不宜过深；种植后及时压实土壤，浇透定根水。

日常管理 定植时结合定根水，施1次稀薄肥水，每亩约1500 kg，以利成活。每采收1次进行1次浇水追肥。如果实行多年生栽培，在地上茎叶完全干枯后，在霜冻前割去茎秆，重施1次过冬肥。培土5 cm左右，有利于植株安全越冬和早春萌发。施肥配合使用光肥，提升光合作用产能。

病虫害防治 很少发生病虫害，但需经常收割，以提升植物抗逆性。

采收与留种 嫩茎叶随用随采，每半个月采收1次。

留种用的菊花老植株，夏季过后不采收，任其自然生长，同时适当追施磷肥和钾肥，以利开花结籽。12月种子成熟后，剪下果序，晾干，搓出种子，采种后修剪，留下植株，翌年3月又可采收嫩梢上市。

70. 紫背菜

别名：红凤菜、红菜、补血菜
Gynura bicolor (Roxb. ex Willd.) DC.
菊科，菊三七属

形态特征 多年生草本，高 50~100 cm，全株无毛。茎直立，基部稍木质。叶片倒卵形或倒披针形，长 5~10 cm，宽 2.5~4 cm，顶端尖或渐尖，基部楔状渐狭成具翅的叶柄；边缘有不规则的波状齿或小尖齿，叶面绿色，叶背干时变紫色，两面无毛。上部和分枝上的叶小。头状花序多数直径 10 mm，在茎、枝端排列成疏伞房状。花序梗细，长 3~4 cm。小花橙黄色至红色，花冠明显伸出总苞，裂片卵状三角形。瘦果圆柱形，淡褐色，冠毛丰富，白色，易脱落。花果期 5~10 月。

分布 中国广东、广西、台湾、贵州、四川、云南。印度、尼泊尔、不丹、缅甸、日本也有分布。

生长习性 喜强光，全年日照时数需达到 1700~2000 h。耐严寒，耐旱。适宜年均温度为 15~19 ℃，极端气温不可超过 39 ℃或低于 −5 ℃，适宜温度下无明显休眠期，茎、根可露地越冬。

用途 可作蔬菜，含丰富微量元素，维生素 C 和粗蛋白含量也较高，嫩叶鲜用或晒干食用。也可药用，具有清热、消肿、止血、生血的功效。

繁殖栽培技术 采用扦插繁殖。

扦插：选择粗壮种株，将其平地割下，取中部茎秆，截成长 10~12 cm 的中段，下部削成斜口，用 20 mg/kg 萘乙酸溶液浸泡 15~30 min 后即可扦插。

定植：选择南北坐向的地块，做沟宽 30~35 cm，按株行距 30 cm × 30 cm 定植，于 8~9 月进行。定植前，施足基肥，有条件的可施腐熟有机肥 3 万 ~ 4.5 万 kg/hm^2，复合肥 450 kg/hm^2。定植时，每穴 3~4 株斜插于地面，压土，浇透水。秋天栽培应注意遮阳保湿,栽后 7 天揭去遮阳物。

日常管理 4 月上旬至 5 月下旬为生长关键期,追施有机复合肥 225 kg/hm^2 或尿素 75 kg/hm^2。每采摘 2~3 次后追施 1 次肥水,每亩施尿素 5 kg,促进茎秆发芽生长。露地栽培,栽种后每天清晨浇水,高温干旱期需浇水,汛期或大雨后及时排涝。8~9 月扦插植株易抽薹,于现蕾开花前打顶,促进茎叶的养分积累。

病虫害防治 主要病害为病毒病、枯萎病、叶斑病、根腐病、灰霉病、炭疽病、软腐病,可选用氨基寡糖素、葡聚烯糖、苯甲醚菌酯、金雷多米尔、烯酰吗啉、甲基硫菌灵等新型高效低毒低残留农药防治。主要虫害为斜纹夜蛾、蚜虫、斑潜蝇;防治斜纹夜蛾,可用 10 % 虫螨腈悬浮剂 1000~1500 倍液喷雾防治,斜纹夜蛾 4 龄后有昼伏夜出的现象,可通过花生麸炒香后拌敌百虫制成毒饵进行杀灭;防治蚜虫,通过喷施 5 % 吡虫啉可湿性粉剂 2~3 次进行防治;防治斑潜蝇可用 50 % 潜克(灭蝇胺)5000 倍液喷雾。

采收与留种 嫩茎长至 15~20 cm 时采收,从植株离地面 3~5 cm 处割下,拣去残叶和黄叶片,分级捆把。

5~10 月采收成熟种子,晾干留用。

71. 白子菜

别名： 白背三七、富贵菜、鸡菜
Gynura divaricate (L.) DC.
菊科，菊三七属

形态特征 多年生草本，高 30~60 cm。茎直立，老时木质。叶质厚，通常集中于下部。叶片卵形、椭圆形或倒披针形，长 2~15 cm，宽 1.5~5 cm，边缘具粗齿，有时提琴状裂，稀全缘，叶面绿色，叶背带紫色。侧脉 3~5 对，细脉常连结成近平行的长圆形细网，干时呈清晰的黑线，两面被短柔毛。叶柄长 0.5~4 cm，有短柔毛，基部有卵形或半月形具齿的耳。上部叶渐小。头状花序直径 1.5~2 cm，通常 3~5 个在茎或枝端排成疏伞房状圆锥花序，常呈叉状分枝。小花橙黄色，有香气。花序梗长 1~15 cm，被密短柔毛。总苞钟状，基部有数个线状或丝状小苞片。总苞片 1 层，11~14 个，背面具 3 脉。瘦果圆柱形，褐色，具 10 条肋。冠毛白色，绢毛状。花果期 8~10 月。

分布 中国广东、香港、海南、广西、云南。越南北部也有分布。

生长习性 生长温度在 15~35 ℃ 之间，地上茎遇霜冻枯死。对低盐度的海水胁迫具有较强的适应性和耐受性。常生于山坡草地、荒坡和田边潮湿处，适宜在砂质土壤中种植。

用途 可作蔬菜，营养丰富。以全草入药，味甘、淡，性寒，可用于清热解毒、舒筋接骨、凉血止血。可治疗支气管肺炎、小儿高热、百日咳、目赤肿痛、风湿关节痛、崩漏。

繁殖栽培技术 采用扦插繁殖。

扦插：大棚扦插育苗宜在 3~9 月进行，温室内扦插育苗可全年进行。剪取生长健壮母株上长 7~10 cm、有 3~5 节的成熟枝条作插

穗，摘去基部 1~2 片叶，1~2 周即可发根。苗床育苗可选择有机质含量高的壤土、砂壤土地块育苗。育苗床宽 1.3~1.5 m，按株行距 2 cm×2 cm 扦插，插穗斜插入土 1/2~2/3。穴盘育苗可选 50 孔穴盘育苗，基质采用粉碎的泥炭土、蛭石、珍珠岩、腐熟有机肥，配比为 4:1:1:2，充分拌匀。扦插前 2~3 天，用 50％多菌灵 800 倍液对苗床、基质消毒后，将插穗直接扦插在穴盘内，深 3~4 cm，浇透水。扦插后 7~10 天覆盖遮阳网，生根后基质含水量保持在 60%~70%。插条成活后每天喷雾 1 次，当株高 15~24 cm、茎粗 0.3~0.5 cm、苗龄 30~45 天时即可移栽。

定植： 按株行距 30 cm×40 cm 定植，于春季晴天或夏秋季傍晚进行。定植前 10 天，结合整地，施三元复合肥 50 kg/hm²，有条件的可增施腐熟有机肥 500 kg/hm²，翻耙均匀。

日常管理 定植后保持土壤湿润，10~15 天后追施提苗肥，每亩尿素 10 kg。采收期间，每采收两次追肥 1 次，每次每亩追施尿素 15 kg。春季，土壤湿度保持在 60%~70%，夏、秋季 70%~80%。生长旺季容易茎叶交叠，需及时修剪；多次采收后，及时剪去植株基部老枝、枯叶，以保证新茎叶的生长。

病虫害防治 生长期间抗性好、病虫害少，主要病害有灰霉病，可用 50％异菌脲等农药按 1000 倍液喷施进行防治。主要虫害有蚜虫和斜纹夜蛾，可用黑光灯诱集捕杀或用矿物油生物防治。

采收与留种 植株嫩梢长 10~15 cm、有 4~5 片叶时即可采收。第 1 次采收时，在茎基部留 2~3 节，以后长出新梢时留基部 1~2 片叶采收。以后每隔 7~10 天采收 1 次。采收前 7 天禁止喷药。

8~10 月采收优良母株的成熟、无病害种子，晾干后留用。

72. 菊芋

别名：洋姜、番姜
Helianthus tuberosus L.
菊科，向日葵属

形态特征 多年生草本，高 1~3 m，有块状的地下茎及纤维状根。茎直立，有分枝，被白色短糙毛。下部叶卵圆形或卵状椭圆形，对生，叶柄长，基部宽楔形或圆形，顶端渐细尖，边缘有粗锯齿，有离基三出脉，叶面被白色短粗毛、叶背被柔毛，叶脉上有短硬毛；上部叶互生，长椭圆形至阔披针形，基部渐狭，下延成短翅状，顶端渐尖，短尾状。头状花序较大，少数或多数，单生于枝端，有 1~2 个线状披针形的苞叶，直立，总苞片多层，披针形。舌状花通常 12~20 个，舌片黄色，开展，长椭圆形；管状花花冠黄色。瘦果小，楔形，上端有 2~4 个有毛的锥状扁芒。花期 8~9 月。

分布 中国各地广泛栽培，原产北美。

生长习性 生性强健，耐寒抗旱，耐瘠薄，对土壤要求不严，除酸性土壤、沼泽和盐碱地带不宜种植外，均适宜其生长。

用途 块茎含有丰富的淀粉，可加工制成酱菜；还可制菊糖及酒精，菊糖在医药上又是治疗糖尿病的良药，也是一种有价值的工业原料。

繁殖栽培技术 采用块茎繁殖。宜于春季进行。穴植或沟植。选择 20~25 g 重的块茎播种，每亩需块茎 50 kg，株行距 0.5×0.5 m，种植深度 10~20 cm，播后 30 天左右出苗。

日常管理 块茎种植后约 1 个月出苗，待苗长齐后适当追肥、浇水。结合中耕除草培土成低垄，不太干旱时可不用再浇水，直至块茎膨大时再浇水，以"见干见湿"为原则。

如茎叶生长过于茂盛时，要适当摘顶，促使块茎膨大。

病虫害防治 菊芋极少见病虫为害，可以不使用农药，极干旱时有可能发生蚜虫，喷水可消灭。

采收与留种 秋冬收获块茎。

将收获后的块茎砂藏，用于来年春季种植。

73. 黄鹌菜

别名： 野芥菜、黄花枝香草、野青菜
Youngia japonica (L.) DC.
菊科，黄鹌菜属

形态特征 一年生草本，高 10~100 cm。茎直立，单生或丛生。叶基生，倒披针形、椭圆形、长椭圆形或宽线形，长 2.5~13 cm，宽 1~4.5 cm，大头羽状深裂或全裂。头状花序或在茎枝顶端排成伞房花序，花序梗细；总苞圆柱状，花黄色，冠毛长 2.5~3.5 mm，糙毛状。瘦果纺锤形，褐色或红褐色，长 1.5~2 mm。花果期 4~10 月。

分布 广布中国大部分地区。日本、中南半岛、印度、菲律宾、马来半岛、朝鲜也有分布。

生长习性 喜温暖、湿润气候，具有很强的适应性。生潮湿地、河边沼泽地、田间与荒地上。

用途 属一级无公害蔬菜。洗净用盐水浸一昼夜除去苦味后，可炒食或煮食。花蕾连梗采下可切段腌制成泡菜，亦可油炸食用。全草入药，可治感冒、咽痛、乳腺炎、结膜炎、疮疖等。

繁殖栽培技术 采用播种繁殖。

播种： 在秋季发芽出苗，以幼苗越冬，来年返青进行营养生长。可在秋季播种，选择地势较高、排水方便的砂质土地块，保持湿润。

种子播下后覆土 1 cm 厚，稍加压实。播种后需盖草保湿，出苗时揭去盖草，6 天左右可出苗。有提早出苗需求可采用温水浸种催芽处理，将种子置于 50~55 ℃ 温水中，搅动至水凉后，再浸泡 8 h，捞出种子包在湿布内，放于 25 ℃ 的环境，用湿布盖好，保持每天早晚用温水浇 1 次，3~4 天后种子萌动即可播种。

定植：选择杂草较少的地块，按株行距 12 cm × 12 cm 定植，通常在春季或秋季进行。

日常管理 有条件的可每亩施 2000~3000 kg 腐熟有机肥作底肥，生长期间结合嫩茎叶的采收进行追肥。黄鹌菜喜湿润气候，整个生长期需要充足的水分，以保持土壤和空气的湿润。干旱季节及时浇水，雨季少浇水或不浇水。

病虫害管理 病害主要有枯萎病、叶斑病等，坚持"预防为主，防治结合"的原则进行病害的防治。在花蕾前期可喷 1 次杀菌剂进行预防。虫害主要有蝼蛄、蛴螬，每亩可用 50 % 甲拌磷颗粒剂。食心虫、黄蚂蚁或其他虫害可以进行喷雾或根灌防治。黄蚂蚁可用辛硫磷喷施根部。

采收与留种 春季黄鹌菜进行营养生长时可采收嫩茎叶，在花期可采花蕾和花梗。

因种子一边成熟一边脱落，借冠毛随风传播，故留种宜在种子脱落前进行，采后可在室内阴干，至半干状态时，用手搓掉种子尖端的茸毛，晒干备用。

74. 大车前

别名: 钱贯草、大猪耳朵草
Plantago major L.
车前科,车前属

形态特征 二年生或多年生草本。根茎粗短。叶基生,呈莲座状,平卧、斜展或直立。叶纸质,宽卵形至宽椭圆形,长 3~30 cm,宽 2~21 cm,边缘波状、疏生不规则齿或近全缘,叶基部常被毛。穗状花序细圆柱状,基部常间断。花序梗直立或弓曲上升,有纵条纹,被短柔毛或柔毛。花冠白色,裂片于花后反折。蒴果近球形、卵球形或宽椭圆球形,在中部或稍低处,周裂。种子卵形、椭圆形或菱形,黄褐色。花期 4~9 月,果期 5~11 月。

分布 中国南北各地。欧亚大陆温带和寒温带也有分布。

生长习性 喜温暖潮湿环境,不耐高温。茎叶在 5~28 ℃能够正常生长。若气温超过 32 ℃,则会出现生长缓慢、慢慢枯萎直至死亡的现象。喜富含腐殖质、湿润、排水良好、微酸性的砂质土壤。

用途 嫩茎叶可供食用,凉拌、炒、炖或泡酸菜均可。全草及种子可入药,具有凉血,清热利尿、祛痰、解毒等功效,同时有抗肿瘤活性且副作用小。

繁殖栽培技术 采用播种繁殖,分为直播栽培和育苗移栽两种。也可通过组织培养方式繁殖。

播种: 春、秋、冬 3 季均可进行,种子在 20~24 ℃发芽较快。播种前整地,每亩施肥 2000 kg,播种量 300 g。将种子和 20 倍的细土和细沙均匀混合,采取撒播的方式,播后覆盖 1 cm 厚的细土,及时浇水,保持土壤的湿润。当幼苗有 2~3 叶时可进行间苗,

使株距约为 10 cm。植株有 4~5 叶时，按株距 20~25 cm 定苗。

育苗移栽：一般 30 m² 苗床育的苗可种植 1 亩地。播种前需施腐熟细碎的有机肥 10 kg/m²，同时需氮磷钾复合肥 100 g，之后将地整平。播种量为 2 g/m²，播种前同样需要和 6~10 kg 的细沙混合均匀后进行撒播。播后覆盖厚 0.5 cm 的细土，接着立即喷水，覆盖稻草和薄膜以保持湿润。每天傍晚需揭膜进行 1 次喷水，1 周后即可出苗。之后可揭除稻草和薄膜。幼苗期需进行 2~3 次除草，当苗长出 4~5 片叶时即可移栽。

定植：选择地势平坦、排水方便的地块，翻耕平整后，按株行距 25 cm × 30 cm 定植。定植前可施加 25 % 复合肥 40 kg 作基肥，定植时每穴种植 1 棵幼苗，定植后连浇 2~3 次定根水。

日常管理 喜肥，适时追肥是高产的关键。整个生长期需追肥 3 次。早期以氮肥为主，中后期除氮肥外，需增加磷钾肥。第 1 次追肥在移栽后 10 天左右，用稀薄的氮肥进行淋施。收割第 1 批果穗及除草后进行第 2 次追肥。每亩需草木灰 250~300 kg，或用磷钾颗粒复合肥撒施。第 3 次追肥同样是在收割果穗和除草后进行，方法和用量同第 2 次。每次追肥后都要进行中耕松土，促进植株健壮生长，增强抗病性。大车前在苗期喜湿润环境，耐涝耐旱，这段期间需保证有充足的水分。进入抽穗期后植株不耐涝，受淹后容易枯死，应注意排水。

病虫害防治 抗性较强，病虫害少，偶有白粉病和蚜虫。白粉病在发病初期可用 20 % 三唑酮乳油 2000 倍液或 70 % 甲基硫菌灵可湿性粉剂 1000 倍液进行喷雾防治。蚜虫可用 10 % 吡虫啉可湿性粉剂 1500 倍液喷雾。

采收与留种 播种后 35~40 天，株高长到 15~20 cm 时，可采收嫩茎叶。

留种时为防止裂果落粒，收割果穗应早上或阴天进行。随熟随收，3~5 天可割穗 1 次。晴天时晒穗脱粒，晒干后用塑料袋包装贮存备用。

75. 少花龙葵

别名： 白花菜、古钮菜

Solanum photeinocarpum Nakam. et S. Odash.

茄科，茄属

形态特征 一年生草本，高约50~80 cm。叶薄纸质，卵形至卵状长圆形，长4~8 cm，宽2~4 cm，基部楔形下延至叶柄而成翅。近全缘、波状或有不规则粗齿，两面均被疏柔毛。1~6朵花组成近伞形花序。花小，直径约7 mm。花冠白色，5瓣，花药黄色。萼绿色，裂片卵形。浆果球状，直径约5 mm，幼时绿色，成熟后黑色。种子近卵形，两侧压扁。花果期几遍全年。

分布 中国广东、广西、江西、台湾、湖南、云南等地。分布于马来群岛。

生长习性 对光照要求不严。喜温暖，耐干旱。生长适温为18~30 ℃，开花结实期适温为15~20 ℃。对土壤适应性强，喜有机质丰富、保水保肥力强、pH为5.5~6.5的土壤。

用途 嫩茎叶可食用。全株均可入药，内服有清热利湿、凉血解毒的功效。外用可消炎退肿。

繁殖栽培技术 采用播种繁殖。

播种：3~11月可进行播种。选择排水良好且前茬没有栽种过茄果类蔬菜的地块，挖松平整后浇透水。将种子和细沙搅拌均匀后撒播。然后覆土0.5 cm，再浇透水，最后覆盖稻草或腐殖土。5~7天出苗后即可揭去。当幼苗有3~4片真叶时可进行间苗，拔除生长势较弱的小苗。

定植：选择排水良好的地块，按株行距30×35 cm定植，宜在幼苗长有5~6片叶时进行。定植时，每穴种植2苗。定植后立即浇透定根水。

日常管理 每次采收嫩梢后，都需进行追肥。每亩需施尿素25 kg，硫酸钾和过磷酸钙均

10~15 kg，加水浇施。在幼苗生长期，宜少水勤浇，同时加施速效氮肥，每 50 kg 水加入尿素 200~300 g，由稀到浓施入，保证植株的正常生长。

病虫害防治 当植株生长进入中期后，每隔 7~10 天需在叶面喷 1 次奥普尔 600 倍液，或是 0.2%~0.3% 磷酸二氢钾溶液，达到促进植株的生长发育、增加抗病能力的效果，同时可以使植株的嫩梢颜色嫩绿，脆嫩感强，品质更佳。

采收与留种 当植株有 30 cm 高时，可采收嫩梢食用，半个月后可再次采收。采收期长，开花前均可。

留种用的植株，不采收主茎，花后约 40 天浆果变为紫黑色时采收。果实成熟后容易脱落，宜及时进行采收。采种后晒干，放置在阴凉处贮藏备用。

76. 红薯

别名：甘薯、朱薯、金薯
Ipomoea batatas (L.) Lam.
旋花科，番薯属

形态特征 一年或多年生草本。地下部分具圆形、椭圆形或纺锤形的块根，块根的形状、皮色和肉色因品种或土壤不同而异。茎平卧或上升，圆柱形或具棱，绿色或紫色，茎节易生不定根。叶片形状、颜色常因品种不同而异，也有时在同一植株上具有不同叶形，通常为宽卵形，长 4~13 cm，宽 3~13 cm，全缘或 3~5 (~7) 裂。叶色有浓绿、黄绿、紫色等，顶叶的颜色为品种的特征之一。叶柄长 2.5~20 cm。聚伞花序腋生，有 1~3（~7）朵花聚集成伞形，花序梗长 2~10.5 cm。花冠粉红色、白色、淡紫色或紫色，钟状或漏斗状。萼片长圆形或椭圆形，顶端芒尖状。蒴果卵形或扁圆形。种子通常 2 粒。花期初夏。

分布 中国大多数地区都普遍栽培。原产南美洲及大、小安的列斯群岛，现已广泛栽培在全世界的热带、亚热带地区（主产于北纬 40°以南）。

生长习性 短日照作物，喜光，喜温怕冷，耐旱怕淹，耐瘠薄，吸肥能力强。以含有机质丰富、疏松、通气的砂壤土或砂性土种植为佳。

用途 嫩茎叶、块根可食用，营养丰富，是良好的营养食品和高产而适应性强的粮食作物。根、茎、叶可药用,有补虚、健脾开胃、益气生津的功效。

繁殖栽培技术 采用薯块或扦插繁殖。

薯块繁殖:约 3 月中下旬进行育苗。选择避风向阳、管理方便的地块作苗床。种前苗床施腐熟有机肥作基肥,平整床面并开好排水沟,按间隔 3~5 cm 排种,薯块斜放,顶部向上,浇稀肥水再覆土 3 cm,搭棚盖膜。出苗前,保持床土湿润,床温 28~30 ℃。出苗后,控制床温约 25 ℃。有条件的可在种薯萌发后浇施有机肥水。苗长 10~13 cm 时,再用复合肥加水浇施。苗长 15 cm 以上、有 5~7 张大叶时剪苗扦插,剪苗后进行浇水施肥。

扦插:6 月上旬进行,株距 25~30 cm,扦插 4.5 万株 /hm^2 左右。扦插前,施足基肥,平整种植地面。采取斜插法扦插,种苗与地面成 35~45°斜插入土 3~4 节,有利于早生快发。

日常管理 薯苗延藤时施复合肥 150~225 kg/hm^2 作基肥,也可增施有机肥 22.5 t/hm^2,此后每隔 10~15 天进行 1 次,共 2~3 次。扦插后 15~20 天,施硫酸钾型复合肥 450~600 kg/hm^2。生长中后期,选晴天无露水时提蔓,防止不定根发生。扦插后 40~50 天,结合提藤和中耕,追施以磷钾肥为主的复合肥 300 kg/hm^2,促进块根膨大。

病虫害防治 主要病害为病毒病、黑斑病、紫纹羽病。防治方法为选无病种薯,育苗排种前用 80 % 的 402 药剂 2000 倍液浸 5 min,扦插苗可用 25 % 多菌灵 1500 倍液或 50 % 托布津 2000 倍液浸 10 min。主要虫害为斜纹夜蛾、番薯叶甲。斜纹夜蛾可在 6 月下旬用 10 % 除尽 1000 倍液喷雾。番薯叶甲可在薯苗扦插 30 天后用 20 % 三唑磷乳油 600 倍液喷雾。

采收与留种 食用嫩叶宜于生长期早晨采摘。食用块茎,早中熟品种 8 月底 9 月初开始收获薯块,迟熟品种 10 月中旬开始收获,最迟收获期为降霜之前。采收时应避免雨天进行,注意轻挖、轻装、轻运、轻卸,防止薯皮和薯块碰伤。要求贮存温度为 10~15 ℃,空气相对湿度为 85%~90 %。贮存场所应清洁卫生,做好防鼠、防毒工作。同时要防止冻伤和挤压,并注意通风散热。

选用 150~200 g、大小适中的长条形秋薯或夏薯作种薯,要求皮薄无病斑、无虫眼、无破损、无变异。

旋花科

77. 宽叶十万错

别名：跌打草、十万错、细穗爵床
Asystasia gangetica (L.) T. Anderson
爵床科，十万错属

形态特征 多年生草本。叶椭圆形，长 3~12 cm，宽 1~6 cm。基部急尖、钝、圆或近心形，几全缘。两面有稀疏短毛，叶面钟乳体点状，具叶柄。总状花序顶生，花偏向一侧。花序轴 4 棱，棱上被毛，较明显。花白色、淡紫色或紫红色，花冠短，约长 2.5 cm，两唇形，花冠管基部圆柱状。裂片三角状卵形，中裂片两侧自喉部向下有 2 条褶襞直至花冠筒下部，褶襞密被白色柔毛，并有紫红色斑点。雄蕊 4，花药紫色。小苞片 2，对生，三角形，着生于花梗基部，有疏短毛。蒴果长 3 cm，果期在秋季。

分布 中国华南和云南热带地区栽培。印度、泰国、中南半岛至马来半岛也有分布。

生长习性 喜光，喜温暖湿润气候。不耐寒，不耐旱，生长适温为 20~35 ℃。喜 pH 在 5~6 的酸性黏土或壤土。

用途 叶可食。全草药用，有续伤接骨、解毒止痛和凉血止血的功效。无论内服、外敷，皆有一定功效，以鲜品为佳。

繁殖栽培技术 采用扦插繁殖。

扦插：6~8 月，剪取当年生半木质化枝条，带 3~5 芽。将茎枝的 2/3 扦插在苗床中。以 pH 在 5~6 的土壤最佳。扦插后浇透水，注

爵床科

意保湿。

定植：选择阳光充足的地块，按株距 15 cm 左右进行定植。

日常管理 2月植株进入萌芽期，需保证光照充足，保持温度和水分的平衡。春季不需施肥，若温度较低，少浇水，温度上升后再增加水分。夏季温度过高时需喷水降温，雨季注意通风。5~9月，视生长情况可施1~2次的颗粒复合肥。秋季植株在8、9月进入花芽分化期，光照、水分和湿度均需充足，可施肥1次。冬季浇水次数减少，需光照充足。

病虫害防治 在夏秋季注意防治茎腐病和蚜虫。茎腐病的防治方法包括梅雨季节注意通风；合理轮作，进行土地的翻耕，及时清除病残，减少种植地菌源；在秋季可将病枝叶剪下集中烧毁，消除病原等。用1000倍多菌灵和1%的肥皂水防治蚜虫等。

采收与留种 春夏季节植株进行营养生长时可采收嫩叶供食用。

多用扦插繁殖，故不需留种。

167

78. 鳄嘴花

别名： 扭序花

Clinacanthus nutans (Burm.f.) Lindau

爵床科，鳄嘴花属

形态特征 高大草本、直立或有时攀缘状。茎圆柱状，干时黄色，有细密的纵条纹，近无毛。叶纸质、披针形或卵状披针形，长 5~11 cm，宽 1~4 cm。顶端弯尾状渐尖，基部稍偏斜，近全缘。侧脉每边 5~6 条，干时两面稍凸起。叶柄长 5~7 mm 或稍长。花序长 1.5 cm，被腺毛。花冠深红色，长约 4 cm。苞片线形，长约 8 mm，顶端急尖。萼裂片长约 8 mm，渐尖。花期春夏。

分布 中国广东、海南、广西、云南等地有栽培。广布于华南热带地区至中南半岛、马来半岛、爪哇、加里曼丹。

生长习性 喜阳光沙地，但忌曝晒，喜温暖湿润的热带地区。喜疏松肥沃的砂质土壤或红壤土。

用途 新鲜叶子可用于煮汤、榨汁或晒干泡水。全株入药，有调经、消肿、去瘀、止痛、接骨之效，可治跌打、贫血、黄疸、风湿等。

繁殖栽培技术 采用扦插繁殖。

扦插：主要在春季进行。扦插时，应选择直径大于 0.5 cm 的新鲜健壮枝条，可为主枝或者靠近根部的枝条，剪后枝条长 10~15 cm、带 3~4 芽，于阴凉处放置。枝条扦插前用萘乙酸 800 倍液浸泡 2 min，倾斜插入沙土苗床 2/3，浇透水。晴天每天浇水 2~3 次，阴天适当减少浇水次数，直至发根。发根后，每天浇水 1 次，用 80% 遮阳网覆盖，促进生根。当苗高 15~20 cm、具 6~7 叶片、根系长 10 cm 时，即可移栽。

定植：选择疏松的砂质地块，按株距 20~30 cm 双行定植，种植密度为 1700~2700 株 $/hm^2$。定植前整地，有条件的可均匀撒施腐熟有机肥 1000 kg/hm^2，翻耕细耙，细碎土壤。定植后及时浇透定根水。

日常管理 定植至植株封行前，需及时除草松土。缓苗后，浇透水 1 次，同时施壮苗肥，如尿素 10 kg/hm²。封行前，施肥后覆土。每采收后均追施复合肥 10 kg/hm²。株高 30~40 cm 时，去除顶芽，以促进侧枝的发生。

病虫害防治 主要病害为褐斑病，发现少量病叶时及时摘除销毁，发病初期用 50 % 的多菌灵可湿性粉剂 600 倍液进行防治，每隔 10 天喷洒叶片 1 次，连续 3~4 次。主要虫害为介壳虫，其若虫孵化盛期，可喷洒 20 % 的扑虱灵可湿性粉剂 1000 倍液进行防治。阳光直射时，嫩叶片易被灼伤，春末夏初久雨初晴以及入夏之后，应及早为盆栽植株进行遮阴。

采收与留种 第 1 年 5~11 月、第 2 年 4~11 月均可采收，6~10 月为采收高峰期。当植株高 40~50 cm 时即可开始采收，以采收长约 10 cm、粗壮柔嫩的嫩枝叶为标准。合理采收可促进植株分枝生长，提高产量与品质。

春夏季采摘优良母株的成熟、无病害果实，取种后洗净晾干，留用。

79. 益母草

别名：益母蒿、红花艾
Leonurus artemisia (Lour.) S. Y. Hu
唇形科，益母草属

形态特征 一年生或二年生草本。叶型多样，茎下部叶基部宽楔形，掌状3裂，裂片呈长圆状菱形至卵圆形，叶面绿色，被糙伏毛，叶背淡绿色，被疏柔毛及腺点；茎中部叶菱形，通常3裂，基部狭楔形。花序最上部的苞叶近于无柄，线形或线状披针形。轮伞花序腋生，具8~15花，轮廓为圆球形，多数远离而组成长穗状花序；小苞片刺状，向上伸出，基部略弯曲。花萼管状钟形，花冠二唇形，粉红色至淡紫红色。小坚果长圆状三棱形。花期6~9月，果期9~10月。

分布 中国各地广泛栽培或逸为野生。亚洲、非洲和美洲各地有分布。

生长习性 喜温暖湿润气候，喜光，不耐阴。对土壤要求不严，需要充足水分条件，但忌涝。

用途 嫩叶可食，清炒或煲汤均可。全株药用，味辛苦，性凉，活血、祛瘀、调经、消水，

治疗妇女月经不调，瘀血腹痛，崩中漏下，尿血、泻血，痈肿疮疡。

繁殖栽培技术 采用播种繁殖。

播种： 以条播或穴播方法种植，播种前整地，将种子与细沙按照1:5比例混匀，穴播者每亩备种400~450g，条播者每亩备种500~600g。

日常管理 当苗高5 cm时可开始间苗和补苗，结合中耕除草，及时浇水追肥。条播者采取错株留苗，株距在10 cm；穴播者每穴留苗2~3株。间苗时发现缺苗，要及时移栽补植。追肥时要注意浇水，切忌肥料过浓，以免伤苗。

病虫害防治 益母草生性强健，病虫害较少。可用25%锈粉宁1000倍液防治白粉病，可喷1:500的瑞枯霉或喷1:1:300倍波尔多液或喷40%菌核利500倍液等防治菌核病。

采收与留种 鲜食嫩叶可随时采收。入药的叶子，选择晴天收割，割后及时切断、干燥，防止发霉变质。

选择优良植株，于秋季果实成熟时收割，晒干脱粒，低温保存备用。

80. 紫苏

别名： 红苏、桂荏、赤苏
Perilla frutescens (L.) Britton
唇形科，紫苏属

形态特征 一年生直立草本。茎高 0.3~2 m，绿色或紫色，四棱形，具四槽，密被长柔毛。叶阔卵形或圆形，膜质或草质，长 7~13 cm，宽 4.5~10 cm。两面绿色或紫色，或仅叶背紫色，被柔毛。边缘在基部以上有粗锯齿。侧脉 7~8 对。叶柄长 3~5 cm，密被长柔毛。轮伞花序 2 花，组成长 1.5~15 cm、密被长柔毛、偏向一侧的顶生及腋生总状花序。花冠白色至紫红色，冠筒短，喉部斜钟形。花盘前方呈指状膨大。苞片宽卵圆形或近圆形，外被红褐色腺点。花梗密被柔毛。花萼钟形，10 脉，夹有黄色腺点。小坚果近球形，灰褐色，直径约 1.5 mm，具网纹。花期 8~11 月，果期 8~12 月。

分布 中国各地广泛栽培。不丹、印度、中南半岛至印度尼西亚，东至日本、朝鲜也有分布。

生长习性 喜光，喜温暖湿润气候，耐涝性较强，不耐干旱。开花期适宜温度为 22~28 ℃。适宜相对湿度为 75%~80%。对土壤的适应性较广。

用途 叶可作蔬菜，具有低糖、高纤维、高胡萝卜素、高矿质元素等特点，富含还原糖、蛋白质、脂肪以及抗衰老素 SOD。也可药用，有解表散寒、行气和胃的功效，用于感冒风寒、胸闷、呕恶。适合庭园列植、丛植美化。

繁殖栽培技术 采用播种或扦插繁殖。

播种： 种子休眠期长达 120 天，刚采种子需经 5 天的 3 ℃低温处理打破休眠，并用赤霉素浸种促进发芽。种子萌发需光，播后不需覆土。

条播和穴播： 条播，按行距 60 cm 开约 1 cm

的浅沟，将种子与细沙拌匀后撒于沟内，稍加镇压。穴播，按穴行距 30 cm × 50 cm 进行播种，播种量为 15~18.75 kg/hm^2，播后 5~7 天即可出苗。

苗床育苗： 通常用于种子量少、天气干旱或温度较低时。选择朝阳地块育苗，施足底肥，浇透水后待水渗下、苗床温度升高后进行撒播，期间保持苗床湿度。苗高约 5 cm 时选择阴天或午后进行移栽。

定植： 选择温暖湿润的地块，按株距 30 cm 定植，选择阴天或午后进行。开沟深 15 cm，覆盖土后浇透水 1~2 次，1~2 天后松土，栽苗约 15 万株/hm^2。条播，当幼苗达到约 10 cm 时进行定苗。穴播每穴留苗 1~2 株，如有缺苗应结合定苗及时进行补苗。

日常管理 紫苏定苗 2~3 个月后进入快速生长期，肥水需求量达到高峰，故应视情况及时进行浇水施肥，施肥通常以速效氮肥为主，并结合施肥进行浇水，但注意不可积水，雨季需及时排水。

病虫害防治 主要病害有斑枯病、紫苏病毒病，可分别用 80% 可湿性代森锌 800 倍液、20% 病毒 A 可湿性粉剂 500~600 倍液喷雾进行防治。及时拔除病株、减少毒源并及时防除刺吸式口器的害虫可防范紫苏病毒病的发生。主要虫害有红蜘蛛、银纹夜蛾，可分别用 40% 三氯杀螨醇 1500 倍液、90% 晶体敌百虫 1000 倍液喷雾进行防治。

采收与留种 鲜食嫩叶可随时采收。入药的苏叶，选择晴天收割，割后及时干燥，防止发霉变质。

选择生长健壮且高产的植株，9 月下旬至 10 月中旬种子果实成熟时收割，晒干脱粒，低温保存，留作种用。

81. 菠萝

别名：凤梨、露兜子
Ananas comosus (L.) Merr.
凤梨科，凤梨属

形态特征 多年生草本植物。茎短。叶多数，簇生排列为莲座状，叶片剑形，长 40~90 cm，宽 4~7 cm，全缘或有锐齿，基部杯状，叶面绿色，叶背粉绿色，边缘和顶端常带褐红色。花茎直立，花序于叶丛中抽出，总状花序密集成卵圆形。花序顶端有 1 丛 20~30 枚叶形苞片，苞片基部绿色，上半部淡红色，三角状卵形。萼片肉质，宽卵形，顶端带红色，长约 1 cm。花瓣长椭圆形，端尖，长约 2 cm，上部紫红色，下部白色。聚花果肉质，椭圆球形，长约 15 cm，成熟时黄色。花果期冬季至翌年夏季。

分布 中国广东、海南、广西、福建、云南有栽培。原产巴西，热带地区有栽培。

生长习性 喜高温，怕霜冻，耐干旱，忌潮湿环境生长，对温度反应较为敏感。土壤适应性较好，以疏松、排水性良好的微酸性砂质壤土或山地红土为佳。

用途 果实可食，富含果糖、葡萄糖、磷、蛋白酶、柠檬酸以及维生素 B、C，含有菠萝朊酶，有助人体分解蛋白质。果可药用，具有清暑解渴、消食止泻、补脾胃、固元气、益气血、消食、祛湿、养颜瘦身等功效；菠萝汁具有降温作用，可预防支气管炎，但发烧忌食。室内观叶、观花植物。盆栽客厅摆设，既热情又含蓄，很耐观赏。

繁殖栽培技术 采用茎出芽和根出芽分株繁殖。

分株繁殖：选择已结果的母株或各种芽苗，去除基部发育不全、明显缺叶绿素的短叶，直至可见叶间有明显芽点。用利刃将叶片带芽的茎部一同切下，800 倍托布津消毒后，晾干 3~4 天，按株行距 2 cm×5 cm 斜插入苗床中，插后 3 天喷施叶面水。育苗期间，适当切除地下茎可促进地下根萌发。

定植：2~12 月，选择较为疏松地块，按株行距 33 cm×35 cm 定植。定植前 2~3 个月翻耕，植株间开 15 cm 深的施肥沟。种植幼苗为顶芽型、托芽型和吸芽型，同一类型的幼苗根据大小区分种植。定植后定期查苗和补苗，及时将倒伏植株扶正。

日常管理 种植前期少施勤施，后期适当施肥。主要以土地中的矿物质作为养分，对肥料要求相对较高。定植前或采果后的越冬期，施加土杂肥约 0.6 kg/株、饼肥和复合肥约 50 kg/hm^2 作基肥。1 年进行 2 次以上的根际追肥，提升花蕾发育程度以及吸芽生长效率；生长旺期进行根外追肥，将肥水均匀淋施于植株根基的叶腋之内。生长前期菠萝需水量小，生长至 4~6 月，若雨水补给量小于 50 mm 时需进行浇水，当雨水补给量为 100 mm 时成长较快。

病虫害防治 主要虫害为菠萝粉蚧、中华蟋蟀、蛴螬，可分别使用敌百虫与翻炒过的米糠混合物进行诱杀。主要病害为凋萎病、黑腐病、苗心腐病。切勿使用带病苗种植，定植时使用 500 倍新高脂膜溶液浸头进行处理后倒置晾干后再进行种植，以防治凋萎病；避免雨天采摘果实以防止黑腐病的发生；苗心腐病多发生在幼苗时期，幼苗晾晒 1~2 天后，选择无雨天气种植可防止病害发生。

采收与留种 5~7 月于晴天清晨露水干后采收，以顶部小果充实、下部 1/3~1/2 皮色变黄、果肉略软时采收，保留长 2 cm 的果柄。采后置于阴凉通风处，包装需预冷散热且稍干燥后进行。

菠萝一般为无性繁殖，故直接保留优良植株供以繁殖。

82. 闭鞘姜

别名： 广商陆、水蕉花、白头到老
Costus speciosus (J. König) Smith
姜科，闭鞘姜属

形态特征 多年生草本，株高1~3 m，基部近木质，顶部常分枝，旋卷。叶片长圆形或披针形，长15~20 cm，宽6~10 cm，叶背密被绢毛。穗状花序顶生，椭圆形或卵形，长5~15 cm。花唇瓣宽喇叭形，纯白色，长6.5~9 cm，顶端具裂齿。花冠管短，白色或顶部红色，长1 cm。苞片卵形，革质，红色，长2 cm，被短柔毛，具增厚及稍锐利的短尖头。小苞片淡红色，花萼革质，红色，3裂，嫩时被茸毛。雄蕊白色，基部橙黄色，花瓣状，上面被短柔毛。蒴果稍木质，红色，长1.3 cm。种子黑色，光亮，长3 mm。花期7~9月，果期9~11月。

分布 中国广东、广西、台湾、云南等地。东南亚及南亚地区也有分布。

生长习性 喜温暖湿润且荫蔽度在30%~50%的环境，生长适温为20~30 ℃。在华南地区春、夏、秋3季均可生长，冬季呈半休眠状态。耐寒力较强，能耐0 ℃以上的低温。对土壤适应性强，喜富含有机质、潮湿、疏松的土壤。

用途 根茎可用来炒菜、腌肉和煮泡姜茶等。亦可入药，有消炎利尿，散瘀消肿的功效。园林中主要作鲜切花、干花和庭院绿化。

繁殖栽培技术 采用分株、播种和扦插繁殖。

分株： 适宜零星小面积的种植。3月底，挖取根茎，切成重200~300 g、长10~15 cm、带1~2个芽苞的块茎，然后水平放入已挖好的种植穴内，每穴1块，深度20 cm。约20天后相继有嫩芽萌发。

播种： 适宜大规模生产种植。2月底至3月初，气温回升时，将种子和5~10倍重量的细河沙均匀混合后撒播在苗床上，需30%~50%遮光度。撒播后再盖1~2 cm厚的细河沙，每隔10天左右进行1次浇水，保持苗床湿润。4月中、下旬即可出芽。出芽后每周要施1%尿素和0.5%磷酸二氢钾液肥1次。5月中、下旬当苗高达10 cm以上时即可移

栽定植。

扦插：繁殖速度快，成活率高。每2~3个节位为1段，剪取成熟的枝茎条，斜插在通风性良好的沙床或者半砂质的土壤中。需时常浇水保持沙床的湿润，半个月后，可长出新株，1个月后可移植于种植地。春、夏、秋3季都可进行栽培，在春季、夏初种植长势最佳。还可采用分枝顶芽的方式。4月中、下旬，剪截茎干顶部萌生的有20~40 cm长顶芽，保留老茎基部3~5 cm的上下两端，将插条的7~10 cm插于苗床。视天气状况浇水保湿。1次种植后能多年生产。

定植：不择地块，翻耕后，按株行距20 cm×20 cm定植，宜在晴天下午进行。定植时每穴种植1株幼苗，定植后及时浇透定根水，还可适当遮阴。

日常管理 秉承重钾肥轻氮肥的原则。同时也要防止徒长，分蘖过密。如果植株过密则应进行合理疏除。在冬季停止生长后，需结合中耕除草进行培土压肥，清除枯茎烂叶，减少病虫侵染源。遇到干旱应及时浇水。

病虫害防治 抗病性强，病虫害少，管理粗放。主要需防治毛虫、毒蛾类和炭疽病、叶斑病等。可与香蕉间种或者在网棚内种植；当昆虫啃食叶片严重时可用敌杀死和辛硫磷等交替防治；7~9月常发生炭疽病、叶斑病，导致老叶黄化和叶片过早的凋落，可选择用百菌清+多菌灵或代森锰锌进行防治。

采收与留种 根茎四季可采，秋末最为适宜，采后洗净切片，蒸熟晒干备用。

留种在11月至来年1月，采收成熟种子，采后用纱布包好置于清水中搓揉，去除种子表面的白色黏质物，晾干水分后置于阴凉干燥处保存。若湿度过大，应用塑料密封后放5~10 ℃的冰箱内低温冷藏。

83. 柊叶

别名：苳叶
Phrynium capitatum Willd.
竹芋科，柊叶属

形态特征 多年生草本，株高可达 1 m，具块状根茎。叶基生，长圆形或长圆状披针形，叶柄可达 60 cm；叶片长 25~50cm，宽 10~22 cm，顶端具短渐尖，基部急尖，两面均无毛。头状花序，无柄，自叶鞘内生出；苞片长圆状披针形，长 2~3 cm，紫红色；每一苞片内有花 3 对，无柄；萼片线形，长近 1 cm，被绢毛；花冠管较萼为短，紫堇色；裂片长圆状倒卵形，深红色。果梨形，具 3 棱，长 1 cm，栗色，光亮，外果皮质硬；种子 3~2 颗。花期 5~7 月。

分布 中国广东、广西、云南等地。亚洲南部广泛分布。

生长习性 生于密林下的阴湿之处。喜温暖潮湿气候。宜选土层深厚、肥沃的阴湿地栽培。

用途 根茎可食，全草入药，清热解毒；凉血止血；利尿。主治感冒发热、痢疾、吐血、衄血、口腔溃烂、音哑、小便不利。叶子可以用来包裹粽子。

繁殖栽培技术 采用分株和扦插繁殖。

分株：只要气温、湿度适宜，可全年进行。但春季气温 20℃ 左右时繁殖最理想。繁殖时用利刃将带有茎叶或叶芽的根块切开；少量繁殖可把切割的带茎叶及叶芽的根块直接置于泥盆中；大量繁殖时，应置于苗床。

扦插：一般用顶尖嫩梢，插穗长 10 cm~15 cm，视叶片大小，保留叶片 1/3 或 1/2，插穗用 500 ppm 的奈乙酸处理 2~3 s，也可用吲哚乙酸、吲哚丁酸及 ABT 生根粉处理。插穗处理后插于苗床，株行距 5cm×10cm 为佳。管理方法同分株繁殖一样。扦插繁殖在岛礁任何季节都可进行。插穗 30~50 天生根，但扦插成活率不如分株繁殖高，一般在 50% 左右。

定植：不择地块，翻耕后，按株行距 120cm×100cm 挖穴，穴深约 30 cm，每穴栽 1 株小苗，盖土，压紧。定植后及时浇透定根水，还可适当遮阴。

日常管理 及时中耕除草，每年追肥 2~3 次，以有机肥为主，秉持重钾肥轻氮肥的原则。结合中耕除草进行培土追肥，清除枯茎烂叶，减少病虫侵染源。遇到干旱应及时浇水。

病虫害防治 抗病性强、病虫害少，管理粗放。主要需防治毛虫、毒蛾类和炭疽病、叶斑病等。当昆虫啃食叶片严重时可用敌杀死和辛硫磷等交替防治。

采收与留种 根茎四季可采，秋末最为适宜。以分株和扦插繁殖为主，不需要留种子。

84. 芋

别名：芋头、水芋
Colocasia esculent (L.) Schott
天南星科，芋属

形态特征 湿生草本。块茎通常卵形，常生多数小球茎，均富含淀粉。叶基生，叶柄长于叶片，叶片卵状，先端短尖，后裂片浑圆。花序柄短于叶柄，单生。佛焰苞长短不一，管部绿色，长卵形；檐部披针形或椭圆形，展开成舟状，边缘内卷，淡黄色至白绿色。肉穗花序长约 10 cm，短于佛焰苞；雌花序长圆锥状，中性花序细圆柱状；雄花序圆柱形，顶端骤狭；附属器钻形。花期 2~9 月。

分布 原产中国和印度、马来半岛等地热带地方。中国早有栽培，有很多优良品种。埃及、菲律宾、印度尼西亚等热带地区也盛行栽种，视为主要食料。

生长习性 喜高温潮湿环境，常生长于林下阴湿处，不耐强风。喜排灌方便、肥沃的土壤。

用途 块茎可食，可作羹菜，也可代粮或制淀粉。叶柄可剥皮煮食或晒干贮用。全株为常用的猪饲料。块茎入药可治乳腺炎、口疮、痈肿疔疮、颈淋巴结核、烧烫伤、外伤出血，叶可治荨麻疹、疮疥。

繁殖栽培技术 以子芋分株繁殖为主。

分株：用地下球茎的根部生长出新的子球，从而繁殖出新的芋。挖取母株基部长有 3~4 片真叶的幼苗，进行栽种。

定植：选择排水方便、阳光充足的地块，按株行距 60 cm×70 cm 定植，定植密度约 1500 株/hm^2。定植前，全面撒施基肥，每亩可施鸡粪肥 2000 kg、饼肥 3000 kg、复合肥 30~40 kg，与土混匀。土壤垫高做成垄，做沟宽 30~40 cm，将幼苗大小分级后，同级定植在一起。如用种芋的，直接在垄上挖种植穴，深度是芋头大小的 2 倍左右，大小是芋头直径的 1 倍就行。把选好的种芋直立放进土坑，有芽体的一头向上，种植深度为芋头直立高度的 1 倍左右，放正以后埋土掩盖。定植后，浇透定根水，2~3 天后，浇 1 次稀肥水。

日常管理 定植缓苗后，每周浇施 1 次肥水，增加氮肥施入量。夏季高温时，常于早晨或下午进行叶面洒水。浇透定根水，4~5 天后中耕 7~10 cm，并进行除草。2 周后进行第 2 次中耕除草，深 3~5 cm。此后每月进行 1~2 次中耕除草直至植株封行。每个月需剪除老黄叶、病叶和多余叶，以利通风透光，减少水分蒸发。7~9 月，需用 50%~70% 的遮阴网遮阴，避免叶片灼伤。

病虫害防治 生长期病虫害较少。休眠期常见病害为软腐病，多发生于根茎基部，可用 72% 农用链霉素 3000 倍液喷洒，伤口处可多喷。主要虫害为蚜虫，可用吡虫啉防治。

采收与留种 春夏季可采摘嫩茎食用。夏秋季采挖块茎食用，或用块茎及全草晒干药用。

冬季采收球茎后，留取无病虫危害、无人为创伤、幼芽健康粗壮小球茎作种芋。将种芋分开自然晾干后，放阴凉、干燥地方贮藏越冬。种芋亦可留置于土壤中不挖，让其在原来的土壤中越冬，第 2 年春季发芽时再挖取移栽。

85. 参薯

别名： 脚板薯、紫山药

Dioscorea alata L.

薯蓣科，薯蓣属

形态特征 缠绕草质藤本。块茎性状多样，外皮为褐色或紫黑色，断面白中带紫色。茎右旋，无毛，通常有4条狭翅。单叶，在茎下部的互生，中部以上的对生；叶片绿色或带紫红色，纸质，卵形至卵圆形，顶端短渐尖、尾尖或凸尖，基部心形、深心形至箭形，两耳钝，两面无毛；叶柄绿色或带紫红色。叶腋内有大小不等的珠芽，珠芽一般为球形。雌雄异株，雄花序为穗状花序，通常2至数个簇生或单生于花序轴上排列呈圆锥花序，长可达数十厘米；花序轴明显地呈"之"字状曲折。雌花序为穗状花序，1~3个着生于叶腋。种子着生于每室中轴中部，四周有膜质翅。花期11月至翌年1月，果期12月至翌年1月。

分布 中国华东、华南至西南等地区有栽培。原产地可能为孟加拉湾。

生长习性 喜温和充足阳光，属于高温短日照植物，生育期适温为20~30℃，10℃以上块茎萌芽。块茎发芽适温为15℃以上，温度高发芽快；幼苗生长适温为15~20℃；块茎形成和膨大的适温为20~24℃，在20℃以下生长缓慢。

用途 块茎作蔬菜食用，可蒸可煮，还可加工制作成饮品、罐头、糕点及粥羹等。参薯为补气益阴、涩精止泻的常用药，性平，味甘，入脾、胃、肺、肾经，有补气养阴，止泻涩精，兼有补肾固精的功效。

繁殖栽培技术 采用块茎、珠芽（零余子）繁殖。

块茎： 选择土层深厚、有机质丰富、疏松肥沃、向阳、地势高、保水和保肥能力强、排灌方便、pH 4.5~6.5 微酸性的砂质壤土地块。适当施用有机肥，将土壤整细耙平。

播种前选无病斑、无腐烂的块茎作种用，并按 3 cm×3 cm 纵切成块状，每块重量 50~100 g，带有顶芽，用草木灰蘸种，晒 1~2 h，然后放在室内晾 2~3 h，待切面伤口愈合后播种。垄栽按垄宽 80 cm、垄高 30 cm、沟深 15~20 cm 作垄。种植密度为行距 50 cm、株距 30 cm，每亩用种 2000~2500 块。下种时块茎要横放，芽朝同一个方向，然后覆土 6~10 cm，以利播种后出苗。

珠芽：选择地势平坦肥沃，排灌方便，土层深厚、前 3~4 年未种过薯蓣类作物的轻砂壤土作繁种地。每亩施土杂肥 3 t，复合肥（氮磷钾）50 kg，腐熟豆饼 50 kg，结合深翻施入，按垄距 80 cm，宽 40 cm，高 30 cm 的规格整好垄。先将零余子进行湿沙层积催芽，待零余子露出新芽时即可播种。

日常管理 出苗后及早疏苗，每穴留 1~2 个壮苗。生长中、后期要及时除去缠绕茎上的侧枝或赘芽。夏至大暑期间，缠绕茎生长旺盛而影响群体的通风透光，亩用 15% 多效唑可湿性粉剂 70 g 兑水 50 kg 喷施控苗，以抑制缠绕茎生长，减少新生侧枝，促进块茎增产。待植株长到 30 cm 高时，及时搭架，让藤蔓攀爬。喜肥，一要施足基肥；二要及时追肥，全生育期追肥 2~3 次。当出苗 1 个月后，结合中耕除草进行第 1 次追肥，每亩施尿素 15 kg，促进枝叶繁茂。立秋至白露期间是块茎生长膨大的关键期，宜重施钾肥，每亩分 2 次追施硫酸钾 40 kg，每株每次追施 10 g，入土 5 cm 深，每隔 15 天施 1 次，以满足块茎膨大的需求。然后，选晴天下午每隔 10 天叶面喷施磷酸二氢钾 1 次，共喷 3 次。在旱季要及时补水，但是积水易引起根系生长不良或块茎腐烂，因此，开沟排水十分重要，前期要打好基础，中、后期要理通沟系，保持田内无积水。

病虫害防治 参薯生性强健，病虫害少。注意不要积水，以防止块茎腐烂。

采收与留种 夏秋季参薯地下块茎充分成熟时，可陆续采收。采收时，将缠绕茎用镰刀割去，然后从垄的一头开始用铁锹将垄土挖开，找到块茎后，在四周继续深挖，直至见到块茎下部尖端，然后双手稍用力将块茎提出，轻拿轻放。采收后的块茎具有休眠性，降低贮藏温度可有效地延长休眠期。保存时可在室内埋沙贮藏，一般适宜贮藏在温度为 15~18℃、相对湿度为 70%~80% 的环境中。

留种可用健康的块茎和零余子。

86. 椰子

别名： 可可椰子
Cocos nucifera L.
棕榈科，椰子属

形态特征 乔木状高大草本，茎有环状叶痕。叶羽状全裂，长 3~4 m；裂片革质，线状披针形，外向折叠；叶柄粗壮，长达 1 m 以上。花序腋生，长 1.5~2 m，多分枝；佛焰苞纺锤形，厚木质。果卵球状或近球形，顶端微具 3 棱，直径 15~30 cm，外果皮薄，中果皮厚纤维质，内果皮木质坚硬，基部有 3 孔，其中的 1 孔与胚相对，萌发时即由此孔穿出，其余 2 孔坚实，果腔含有胚乳（即果肉或种仁），胚和汁液（椰子水）。花果期主要在秋季。

分布 中国广东、海南、台湾及云南南部热带地区有栽培。原产于亚洲东南部、印度尼西亚至太平洋群岛。

生长习性 椰子为热带喜光作物，在高温、多雨、阳光充足和海风吹拂的条件下生长发育良好。在低海拔地区的海洋冲积土和河岸冲积土生长较好。

用途 椰子全身都是宝，具有极高的经济价值。未熟胚乳（果肉）可作为热带水果食用；椰子水是一种可口的清凉饮料；成熟的椰肉可榨油，还可加工各种糖果、糕点。椰子树形优美，是热带地区绿化美化环境的优良树种。

繁殖栽培技术 采用播种繁殖。

播种： 因种果发芽速度不一致，直播育苗容易造成苗木大小不均以及缺株，催芽育苗比直播育苗省工省地，成苗率高、浪费种子少，易选苗。选择半荫蔽、通风和排水良好的场地进行催芽，先开挖催芽沟，将果种孔（果蒂）向上，或 45° 斜列于沟底，盖湿沙至果实的 1/3~1/2 处，保持沙土湿润，经 60~80

天便可发芽。整理好圃地，将发芽后的果种整齐摆放在育苗畦内，进行育苗。1 年后苗木长到 1 m 左右即可出圃。

定植： 一般在雨季栽植，按株行距 6 m×9 m 定植。种植穴为 60 cm×70 cm×80 cm，穴内施入有机肥 20~40 kg。起苗时应带果种，多带土、少伤根，并做到随挖随栽，椰子苗的栽植深度以苗的基部生根部分能全部埋入土中为宜。

日常管理 栽后要加强管理，初期要适当遮阴，灌水保湿，缺株要及时补植。随着植株长大，需进行中耕除草、培土，加固树体。施肥时要以有机肥为主，化肥为辅，并施一些食盐。每年可在 4~5 月及 11~12 月施肥。

病虫害防治 主要病害是椰子泻血病，防治方法有凿除病部组织，涂上 10% 波尔多液或煤焦油。主要虫害为红棕象甲、椰园蚧和椰子犀等，可用喷亚铵硫磷、马拉硫磷、二溴磷等农药，另外可采用天敌如土蜂、绿僵菌等防治。

采收与留种 秋季果实成熟后可采摘果实鲜食。

选择单株产量高，树冠球形或半球形，具有 28~30 片叶以上，6~8 个果穗的椰子树为采种母树。在椰子成熟季节，选择充分成熟、大小适中、近圆形的果实作为种果，采摘后，贮存在通气、荫蔽和干燥的地方备用。

87. 露兜树

别名： 假菠萝、猪母锯、露兜簕
Pandanus tectorius Sol.
露兜树科，露兜树属

形态特征 常绿灌木或小乔木，高 1~2 m 或更高。直立，茎粗大。具分枝或不分枝的气根。叶聚生于茎顶，硬革质，长条披针形，长达 80 cm，宽 4 cm。边缘和背中脉有钩刺。雌雄异株，佛焰苞白色。雄花序由若干穗状花序组成，稍倒垂，花被缺，雄蕊多数。雌花花序头状，单生于枝顶。聚花果大，单生，近球形，长 20 cm，向下悬垂。熟时黄红色，由 50~70 或更多的倒圆锥形、稍有棱角、肉质的小核果集合而成，形似菠萝。花期 1~5 月。

分布 中国广东、海南、广西、福建、台湾、贵州和云南等地。亚洲热带、澳大利亚南部也有分布。

生长习性 喜光，喜高温、多湿气候长势更佳，生长适温 18~32 ℃，不耐寒，较耐干旱，忌积水。喜多肥，对土质要求不严，在富含腐殖质、湿润、通透性好的砂壤土中长势最佳。

用途 果味甜可口，可食。茎顶嫩芽味如春笋，可做菜。根和果实入药，有治感冒发热、肾炎、水肿、腰腿痛、疝气痛等功效。是常见的观赏树种，可作滩涂、海滨绿化树种，也可作绿篱和盆栽供观赏。

繁殖栽培技术 采用分株、播种或扦插繁殖。
分株： 在 4~5 月将母株旁的带气生根的子株切下，埋栽于砂土中，保持 15~26 ℃ 的温度和湿润环境，充分发根后进行栽植。

播种：适宜在春末至夏初进行。发芽的适宜温度为 24~28 ℃，播后约 1 个月发芽。露兜树的播种苗生长缓慢，应注意遮阴和加强日常的肥水管理。

扦插：将母株旁还未生根的子株切下，剪除部分叶片后扦插于沙床中。亦或是用苔藓将切下的不带气生根的子株的基部包好，放置于高湿度的环境下，等长出新根后可直接进行盆栽。

定植：选择湿润、阳光充足的区域，按株行距 1.2 m×0.8 m 进行堆土种植。如果土质过硬可以混入大量粗沙进行改良。定植后及时浇透定根水。

日常管理 对肥水要求不高，可以每月施 1 次腐熟的稀薄液肥、低氮肥水或是在盆土表面撒施少量的缓释多元复合肥。新栽或长势弱、夏季高温和冬季休眠时的植株不用施肥。浇施液肥时，应注意不要污染到叶面，以免叶片感染病害。不可积水，以免出现烂根。也不宜过于干旱，缺水会导致叶片干瘪，透明度降低。

病虫害防治 病害有叶斑病。防治方法包括在初期选用 65% 的代森锌可湿性粉剂 600 倍液，或是 70% 甲基托布津可湿性粉剂 1000 倍液，或 50% 多菌灵可湿性粉剂 600 倍液，交替着喷洒植株茎叶。约 10 天 1 次，连续喷洒 2~3 次。虫害有介壳虫。防治方法是在介壳虫的若虫孵化盛期，采用 40% 的速扑杀乳油 1500 倍液，或者是 50% 马拉硫磷 1500 倍液来喷杀若虫。

采收与留种 花期之前可采收茎顶的嫩芽食用。秋季果实成熟后可采摘果实鲜食。

留种用的果实在破除果肉后取出种子洗净，浮去不实粒，晾干，用塑料袋密封贮藏。

88. 薏苡

Coix lacryma-jobi L.

禾本科，薏苡属

形态特征 一年生粗壮草本，秆直立丛生，高1~2 m。叶片扁平宽大，开展，长10~40 cm，基部圆形或近心形，中脉粗厚，在叶背隆起，边缘粗糙，通常无毛。总状花序腋生成束，长4~10 cm，直立或下垂，具长梗，雌小穗位于花序的下部，外面包以骨质念珠状的总苞，总苞卵圆形，珐琅质，坚硬，有光泽；雄小穗2~3对，着生于总状花序上部，长1~2 cm。花果期6~12月。

分布 几遍全中国。亚洲东南部与太平洋岛屿，非洲、美洲的热湿地带均有种植或逸生。

生长习性 湿生性植物，适应性强，喜温暖气候，忌高温闷热，不耐寒，忌干旱，对土壤要求不严。

用途 薏苡具有健脾胃、补肺气、祛风湿、行水气、镇静及除拘挛等功效，常用于健脾养胃、祛湿消肿等。

繁殖栽培技术 采用分株、播种繁殖。

分株： 在春季将母株挖起，用利刃将植株分开，埋栽在温暖湿润环境即可。

播种： 薏苡发芽的适宜温度为 14~20 ℃，先行温汤浸种或烫种，晾干后再进行药剂拌种，可有效预防病虫害。可直接撒播在苗床，也可以用穴盘育苗。

定植： 待苗高 20 cm 时定苗，每亩可定苗 1000 株。

日常管理 薏苡分蘖分枝力很强，需肥量大，适时适量增施肥料非常关键。苗期追肥时，氮肥比例要适中，可分基肥、分蘖肥、穗肥 3 次进行追肥，以复合肥为主。

病虫害防治 主要病虫害有黑穗病、叶枯病和黏虫。发现病株立即将其拔除烧毁。发病初期用 65% 可湿性代森锌 500 倍液喷雾防治病害。用 90% 敌百虫 1000 倍液灌心叶杀害虫。

采收与留种 薏苡花期长，种子成熟不一致，待基部叶片呈黄色，顶部尚带绿色，大部分果实呈浅褐色或褐色，并且充实饱满时收获。

留种用的种子，除去病粒、秕粒，晾干，贮藏备用。

中文名索引

A
爱玉子 112
庵摩勒 98

B
巴参菜 34
巴西果 58
巴西红果 72
巴西人参 48
芭乐 76
拔仔 76
霸王花 66
霸王树 68
白背三七 152
白花菜 160
白簕 138
白簕花 138
白皮 94
白头到老 178
白子菜 152
百香果 58
毕拨子 16
闭鞘姜 178
薜荔 112
波罗蜜 106
菠萝 174
补血菜 150

C
菜蕨 6
参薯 184
潺菜 54
长命菜 28
巢蕨 8
赤地利 36
赤苏 172
赤铁果 142
臭草 18
褚 108
褚桃 108
川七 50
刺芹 140
刺苋 42
刺芫荽 140

D
大车前 158
大红花 92
大猪耳朵草 158
灯吊子 118
地菜 22
地米菜 22
滇刺枣 116
跌打草 166
蝶豆 102
苓叶 180
哆尼 78

E
鹅掌簕 138
鳄梨 14
鳄嘴花 168

F
法国菠菜 26
珐菲亚 48
番姜 154
番梨 10
番荔枝 10
番木瓜 64
番石榴 76
番杏 26
番樱桃 72
凤鼓 82
凤梨 174
佛头果 10
扶桑 92
福参 30
富贵菜 152

G
甘薯 162
柑橘 124
岗苋 78
葛条 104
公孙桔 124
狗心草 18

构树 108
古钮菜 160
鼓槌树 20
广东王不留行 112
广商陆 178
归来参 34
桂荏 172
桂圆 128
果桑 114
过沟菜蕨 6

H
蛤蒌 16
海巴戟 146
海巴戟天 146
海滨木巴戟 146
海南青金桔 124
蕹菜 24
红菜 150
红草 38
红灯果 86
红凤菜 150
红果仔 72
红花艾 170
红薯 162
红苏 172
黄鹌菜 156
黄弹 126
黄花枝香草 156
黄皮 126
黄秋葵 88
火果 94
火龙果 66
火炭毛 36
火炭母 36
火炭木 80
火掌 68

J
鸡柏胡颓子 118
鸡柏紫藤 118
鸡菜 152
鸡蛋果 58

鸡肉菜..................24	露兜树..................188	**S**
鸡矢果..................76	露兜子..................174	三加皮..................138
鸡心菜..................22	落葵..................54	三角柱..................66
嘉宝果..................74	绿苋..................40	三色苋..................44
假菠萝..................188		三叶五加..................138
假蒟..................16	**M**	桑葚..................114
假苦果..................60	马齿苋..................28	桑树..................114
假杨梅..................108	马蒙..................136	桑枣..................114
箭叶黄葵..................90	马苋..................28	砂糖木..................120
箭叶秋葵..................90	芒果..................136	山柑..................120
绞股蓝..................62	猫菜..................6	山菊花..................148
脚板薯..................184	毛叶枣..................116	山蒌..................16
金蕨..................2	米含..................98	山萝葡..................94
金薯..................162	蜜果..................110	山葱..................78
锦绣苋..................38	抹猛果..................136	山苏花..................8
桔仔..................124	木波罗..................106	山油柑..................120
菊芋..................154	木耳菜..................54	少花龙葵..................160
橘叶巴戟..................146	木瓜..................64	十万错..................166
	木奶果..................94	石苓舅..................120
K	木薯..................96	释迦果..................10
咖啡黄葵..................88		守宫木..................100
可可椰子..................186	**N**	树波罗..................106
宽叶十万错..................166	南美假樱桃..................86	树葛..................96
	南美苋..................48	树葡萄..................74
L	鸟巢蕨..................8	树仔菜..................100
辣木..................20	柠檬..................122	水蕉花..................178
蓝蝴蝶..................102	牛肚子果..................106	水蕨..................4
蓝花豆..................102	牛舌头..................68	水蕨菜..................6
老少年..................44	牛油果..................14	水榕..................70
酪梨..................14	扭序花..................168	水石榴..................84
棱轴假人参..................34		水翁..................70
棱轴土人参..................34	**P**	水𪾼..................70
离枝..................132	蒲红果..................72	水芋..................182
荔枝..................132	蒲桃..................82	酸桔..................124
荔枝母..................80		酸稔..................56
莲雾..................84	**Q**	酸藤子..................144
凉粉果..................112	七叶胆..................62	
凉粉子..................112	奇果..................142	**T**
量天尺..................66	荠..................22	塘葛菜..................24
铃铛果..................82	荠菜..................22	桃金娘..................78
龙骨花..................66	钱贯草..................158	藤菜..................54
龙须果..................60	青葙..................46	藤三七..................50
龙眼..................128	雀巢蕨..................8	藤子三七..................50
龙眼果..................60		天绿香..................100
龙珠果..................60	**R**	甜酸叶..................144
栌兰..................30	人参菜..................34	铜皮..................90
卤蕨..................2	人心果..................142	土人参..................30
露兜簕..................188	乳瓜..................64	

土洋参 30

W

万寿果 64
文定果 86
文仙果 110
乌炭子 36
无花果 110
吴凤柿 142
五行草 28
五敛子 56
五味参 62
五指山参 90
五指山野菜 10

X

西番莲 58
西柠檬 122
细穗爵床 166
仙人掌 68
咸酸果 144
苋 44
苋菜 42
香菜 140
香果 82
象腿树 20
肖蒲桃 80
小红芙蓉 90
小硕果 74
新西兰菠菜 26
信筒子 144

Y

牙买加樱桃 86
雁来红 44
羊眼果树 128
阳桃 56
洋姜 154
洋落葵 50
洋柠檬 122
洋蒲桃 84
洋桃 56
椰子 186
野葛 104
野黄菊 148
野鸡冠花 46
野芥菜 156
野菊 148
野青菜 156
野苋菜 40
野香草 140
野油菜 24
益母草 170
益母蒿 170
薏苡 190
印度枣 116
映日果 110
油甘子 98
油菊 148
油梨 14
余甘子 98
鱼腥草 18
芋 182
芋头 182
圆眼 128

Z

折耳根 18
珍宝果 74
柊叶 180
皱果苋 40
朱槿 92
朱薯 162
猪母锯 188
状元红 92
紫背菜 150
紫蒲桃 84
紫山药 184
紫苏 172

学名索引

A

Abelmoschus esculentus .88
Abelmoschus sagittifolius. .90
Acanthopanax trifoliatus..138
Acronychia pedunculata .120
Acrostichum aureum 2
Alternanthera bettzickiana...38
Amaranthus spinosus 42
Amaranthus tircolor 44
Amaranthus viridis 40
Ananas comosus 174
Annona squamosa 10
Anredera cordifolia 50
Artocarpus heterophyllus.106
Asystasia gangetica 166
Averrhoa carambola 56

B

Baccaurea ramiflora 94
Basella alba 54
Broussonetia papyrifera ..108

C

Callipteris esculenta 6
Capsella bursa-pastoris ..22
Carica papaya 64
Celosia argentea 46
Ceratopteris thalictroides..4
Citrus reticulata 124
Citrus × limon 122
Clausena lansium 126
Cleistocalyx operculatus..70
Clinacanthus nutans 168
Clitoria ternatea 102
Cocos nucifera 186
Coix lacryma-jobi 190
Colocasia esculent 182
Costus speciosus 178

D

Dendranthema indicum ..148
Dimocarpus longan 128
Dioscorea alata 184

E

Elaeagnus loureirii 118
Embelia laeta 144
Eryngium foetidum 140
Eugenia uniflora 72

F

Ficus carica 110
Ficus pumila 112

G

Gynostemma pentaphyllum 62
Gynura bicolor.............. 150
Gynura divaricate 152

H

Hebanthe eriantha 48
Helianthus tuberosus 154
Hibiscus rosa-sinensis 92
Houttuynia cordata 18
Hylocereus undatus......... 66

I

Ipomoea batatas 162

L

Leonurus artemisia 170
Litchi chinensis 132

M

Mangifera indica 136
Manihot esculenta 96
Manilkara zapota 142
Morinda citrifolia 146
Moringa oleifera 20
Morus alba 114
Muntingia colabura 86

N

Neottopteris nidus 8

O

Opuntia dillenii 68

P

Pandanus tectorius 188
Passiflora edulis 58
Passiflora foetida 60
Perilla frutescens 172
Persea americana 14
Phrynium capitatum 180
Phyllanthus emblica 98
Piper sarmentosum 16
Plantago major 158
Plinia cauliflora 74
Polygonum chinense 36
Portulaca oleracea 28
Psidium guajava 76
Pueraria montana 104

R

Rhodomyrtus tomentosa ..78
Rorippa indica 24

S

Sauropus androgynus 100
*Solanum photeinocarpum*160
Syzygium acuminatissimum ..80
Syzygium jambos............. 82
Syzygium samarangense..84

T

Talinum paniculatum 30
Talinum triangulare 34
Tetragonia tetragonioides .26

Y

Youngia japonica 156

Z

Ziziphus mauritiana 116